云计算·大数据·人工智能

U0139522

Power BI
数据分析
从入门到进阶

尚西 / 编著

机械工业出版社

CHINA MACHINE PRESS

本书从 Power BI 的基础功能讲起，逐步深入到 Power BI 进阶实战，以系统化的实操步骤和丰富的实际案例让读者快速入门 Power BI 数据分析，掌握 Power BI 在多个业务领域的实际应用。全书共 8 章：商业智能与数据分析概述；Power BI 简介；数据分析与可视化制作全过程；Power BI 数据预处理；Power BI 数据建模；Power BI 数据可视化；Power BI 在线服务；Power BI 数据分析实战案例。

本书通俗易懂、循序渐进、内容全面、讲解详细，配备全套数据集、教学课件和学习视频，既适合读者自学 Power BI 数据分析与可视化，也适合大专院校作为教材，更适合从事销售、产品、电商运营、仓储物流、财务管理、人力资源等岗位的职场人士提升技能。

图书在版编目（CIP）数据

Power BI 数据分析从入门到进阶／尚西编著 . —北京：机械工业出版社，2022.4（2023.1 重印）
ISBN 978-7-111-70399-0

I. ①P… Ⅱ. ①尚… Ⅲ. ①可视化软件-数据分析 Ⅳ. ①TP317. 3

中国版本图书馆 CIP 数据核字（2022）第 046881 号

机械工业出版社（北京市百万庄大街 22 号　邮政编码 100037）
策划编辑：王　斌　责任编辑：王　斌
责任校对：徐红语　责任印制：张　博
北京建宏印刷有限公司印刷
2023 年 1 月第 1 版第 3 次印刷
184mm×240mm · 15.25 印张 · 344 千字
标准书号：ISBN 978-7-111-70399-0
定价：89.90 元

电话服务　　　　　　　网络服务
客服电话：010-88361066　机　工　官　网：www.cmpbook.com
　　　　　010-88379833　机　工　官　博：weibo.com/cmp1952
　　　　　010-68326294　金　书　　网：www.golden-book.com
封底无防伪标均为盗版　机工教育服务网：www.cmpedu.com

前 言

如今，随着移动互联网和电商的发展，业务场景和企业数据呈现复杂化、多维化、海量化的特征，传统的 Excel 工具已经不堪重角。因此，职场人急需一款易于上手、简单实用的 BI 软件，便于对大数据进行数据清洗、数据建模，并形成可视化动态图表进行分析，实现数据驱动业务决策。目前，Power BI 无疑是最佳的商业智能分析工具之一。本书通过数据分析工具 Power BI，以系统化的方式，全面、完整地介绍了 Power BI 的各个模块，并且从实际的业务场景需求出发，重点讲解 Power BI 的三大模块内容，分别是数据清洗、数据分析与建模以及数据可视化，并通过详解多个行业的综合案例，帮助读者提升 Power BI 的应用水平和商业数据分析能力，达到数据支撑运营决策的目的。

本书共 8 章，各章内容概述如下：

第 1 章介绍商业智能与数据分析的含义、功能、基础术语以及数据分析的流程与思路。

第 2 章介绍 Power BI 的基本概念、组件构成、基本术语、工作流程、学习 Power BI 的必要性、软件安装方法及操作界面。

第 3 章通过一个完整的数据分析案例，带领读者体验从数据获取、数据整理、数据建模及可视化制作，再到报表发布的完整分析过程，形成使用 Power BI 进行数据分析的基本思路。

第 4 章介绍 Power BI 数据预处理的常用方法，包括数据规范、获取常用数据源的方法、数据行列的转换操作、数据的提取、拆分与合并、透视与逆透视、分组依据、合并与追加查询、添加列及日期时间的处理等。

第 5 章介绍 Power BI 数据建模，包括关系的构建、DAX 语法与各种函数、度量值、计算列、计算表等。

第 6 章介绍 Power BI 数据可视化的系列图表，包括常用的内置图表和第三方图表。同时介绍了图表的布局美化和可视化交互分析功能，如筛选、钻取、交互、书签等。

第 7 章介绍 Power BI 的在线服务，包括报表的在线服务功能、仪表板的设计、报表与仪表板的发布与共享，以及移动端数据的发布。

第 8 章介绍 Power BI 在 6 个行业领域的实战应用案例，带领读者学以致用。

由于 Power BI 许多概念和技能具有较大的抽象性，因此，本书力求避免纯粹的抽象式理论说教，各章均采取案例式教学方式，案例数量多，且具有代表性，通过浅显易懂的文字配合清晰直观的截图，操作步骤完整、清晰、简洁明了，确保读者可以按照书中的讲解步骤，结合配套的示例文件准确、成功地完成案例实践。每章最后还配有综合案例演练，帮助读者巩固提升。本书配有所有案例的数据源文件，重点章节配有教学视频，方便读者学习。

因笔者水平所限，书中难免有不足之处，恳请广大读者批评指正。

尚 西

2022 年 3 月

教学视频索引表

序号	教学视频	视频内容	正文对应页码
1	学习视频 01	Power BI 简介	9
2	学习视频 02	Power BI Desktop 界面介绍	14
3	学习视频 03	数据的导入规范及常见数据源的获取	38
4	学习视频 04	获取外部 Web 数据源的方法（爬虫）	44
5	学习视频 05	数据增删改的基本原理	52
6	学习视频 06	数据的拆分提取与合并	66
7	学习视频 07	透视列与逆透视列	71
8	学习视频 08	分组依据：对数据进行分类汇总	73
9	学习视频 09	Power BI 合并与追加查询	75
10	学习视频 10	Power BI 添加列的 5 个主功能	80
11	学习视频 11	数据建模基本概念与基础知识	87
12	学习视频 12	DAX 灵魂函数 Calculate 的基础用法	109
13	学习视频 13	Calculate 与 Filter 函数结合用法详解	110
14	学习视频 14	重难点视频讲解：ALL&ALLEXCEPT&ALLSELECTED 函数用法	111
15	学习视频 15	时间智能函数：自定义函数 & 求同比 & 生成日历表	120
16	学习视频 16	散点图	139
17	学习视频 17	漏斗图	142
18	学习视频 18	瀑布图	145
19	学习视频 19	仪表	150
20	学习视频 20	旋风图	154
21	学习视频 21	柏拉图	157
22	学习视频 22	雷达图	160
23	学习视频 23	财务数据获取：资产负债表	208
24	学习视频 24	财务数据获取：利润表和现金流量表	208
25	学习视频 25	财务数据获取：三大报表导入 PBI 中整理转换数据	208
26	学习视频 26	资产负债表可视化分析一	213
27	学习视频 27	资产负债表可视化分析二	213
28	学习视频 28	利润表可视化分析一	216
29	学习视频 29	利润表可视化分析二	216
30	学习视频 30	现金流量表可视化分析	218

目　录

第 4 章　整理不规范数据——Power BI 数据预处理 ················· 38

绝大部分源数据在数据分析之前，都需要经过预处理。本章以学生成绩表数据为例，带领读者高
效掌握数据预处理的方法和技巧，提高数据处理工作效率，尽快告别"数据搬运工"，节省更多
时间从事数据分析工作。

第 5 章　掌握 DAX 语言——Power BI 数据建模 ················· 87

数据建模是 Power BI 的核心和灵魂，而 DAX 语言是 Power BI 数据建模的核心，也是初学者在进阶
路上的拦路虎。本章通过零售店铺客户信息统计表数据为例，循序渐进，带领读者一起攻克 DAX
语言的大山，全面掌握 Power BI 的精髓。

第8章 学以致用——Power BI 数据分析实战 ·· 182

本章将通过 6 个不同行业领域应用场景的综合实战案例，带领读者全面掌握使用 Power BI 进行专业的数据分析工作。

第 1 章

初识数据分析——商业智能
与数据分析概述

引言：本章将介绍商业智能的基础知识和基础术语，并带领读者掌握数据分析的常规流程和工具模型，为后续的学习内容打下基础。通过本章内容的学习，读者将会掌握如下几个方面的知识点：

(1) 掌握商业智能的概念；

(2) 了解商业智能的价值；

(3) 了解什么是商业智能系统；

(4) 掌握数据库和数据表的常见术语；

(5) 了解常用的主流 BI 工具；

(6) 掌握数据分析的概念和分析流程。

1.1 商业智能概述

1.1.1 什么是商业智能

作为开篇，有必要先介绍一下关于商业智能（Business Intelligence，BI）的知识。什么是 BI？从字面理解，Business，即商业或业务；Intelligence，即智能。这里的智能，既包含人的智能，又包含系统软件的智能。商业业务的持续开展，必然源源不断地产生着数据，对于这些海量的商业数据，需要甄别出具有商业价值的数据，这就需要借助可靠的系统（商业智能软件）工具，对数据进行收集、存储、清洗、分析与可视化呈现，将数据转换为有价值的信息，为管理决策和业务优化提供依据。

商业智能从产生以来发展较快，目前对于商业智能的认知，业界存在不同的理解，以下列举了三家代表性公司的定义。

1) 微软公司：商业智能是获取并分析企业数据以便更清楚地了解市场和顾客，改进企业流程，更有效地参与竞争的过程。从技术层面，商业智能是一系列软件工具的集合，如在线分析处理工具、数据挖掘软件、数据分析软件、数据可视化软件、数据集市、数据仓库产品等。

2）甲骨文公司：商业智能是一种商务战略，能够持续不断地对企业经营理念、组织结构和业务流程进行重组，实现以顾客为中心的自动化管理。

3）SAP 公司：商业智能是收集、存储、分析和访问公司数据以帮助企业更好决策的技术。

上述定义体现了各家公司的产品定位。微软公司侧重技术应用的角度理解商业智能，甲骨文公司和 SAP 公司主要业务是企业 ERP 部署，所以侧重企业组织管理和业务流程优化角度去理解商业智能。

从具体应用的角度，笔者倾向于宗萌老师（BI 佐罗）对于 BI 的理解：用业务逻辑常识对数据分类汇总。简单直接，却又意义深远。

综上所述，商业智能的核心不在于功能，而在于对业务的优化管理。随着技术的发展，BI 的功能越来越丰富，BI 产品多种多样，但万变不离其宗，商业智能的核心就是借助高效的技术工具，集成企业内外数据，萃取加工，分析呈现，指导管理决策，提升企业竞争力，帮助企业赚取更多的利润。

1.1.2　商业智能的价值

随着大数据、物联网、云计算、人工智能及电子商务的快速发展，数据量呈现几何级数增长，商业智能客户帮助管理者减少收集数据、处理数据的时间，告别"数据搬运工"，把更多的精力用于决策分析。大数据时代，商业智能的价值，主要体现在三个方面。

1）提升业务洞察力。商业智能通过减少管理者收集和处理基础数据的时间，通过 BI 可视化仪表盘监控关键业绩 KPI 指标，监控业务运作状况，便于及时调整策略。

2）改善用户管理。现代企业价值观已由"以产品为中心"转化为"以用户为中心"，商业智能通过实时获取用户数据，通过大量的交易记录和客户资料，对用户进行分类管理，然后指定针对性的服务策略。如电商行业利用 RFM 模型，对用户进行会员分级管理、用户画像分析、用户购买行为分析、客单价分析、购买力分析、复购率分析、流失率分析、客户投诉分析等，通过多维度数据分析，制定针对性改善及调整服务策略，提高用户满意度，最大化用户价值。

3）提高市场响应速度。信息数据时代，时间就是金钱，在瞬息万变的市场竞争环境下，能否及时、准确、完整地生成企业所需的信息和洞察，对市场决策者尤为重要。借助商业智能，减少了管理者数据处理的时间，更多时间用于预测市场变化，制定合适的市场营销策略，提高市场响应能力，以适用外部市场环境的变化。

1.1.3　商业智能系统功能

商业智能系统由数据整合层、平台层、设计层、应用层等组成，为决策者提供知识、信息支持，赋能经营管理者改善决策水平，避免"拍脑袋"，以数字化手段驱动企业管理决策。商业智能系统平台的架构如图 1-1 所示。

从商业智能系统平台架构可以看出，商业智能系统的主要功能有三个：

1）数据底盘集成。基础数据是决策的基础。企业的数据来源，很多是来自内部不同业务系统，也有的来自外部系统数据，且各个系统之间的数据往往没有打通，存在信息孤岛。因此，需要将内外各个异构数据源整合在一起，杂乱的数据经过数据清洗后，将数据存储在数据仓库中，数据变成了可分析的、具有分析价值的"沉睡了的数据"。

2）平台数据中心。基于业务特征和客户需求，依据业务属性定制标准化的数据看板中心，即数据分析的属性入口。使用者可以快速检索对应的分析模块，如查询中心，决策中心、指标中心等等。

3）自助运营分析。运营分析包括营运指标分析、业绩分析、客户分析、财务分析等。通过运营分析，唤醒"沉睡了的数据"，通过数据建模与分析，赋能业务决策。现代商业智能系统，倡导由 IT 部门主导的中心化报表模式转向到以业务部门主导的自助式 BI 分析模式，大大提升了业务人员运营分析的及时性和灵活性。

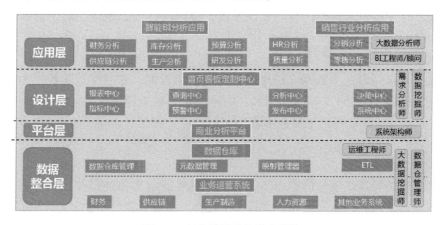

图 1-1　商业智能系统平台架构

1.2　商业智能的基本概念

1.2.1　数据库常见术语

为了后续的学习需要，读者有必要对数据库部分常见的术语概念有所了解。

1）数据仓库。数据仓库（Data Warehouse）用于存放可分析的数据，主要功能是整理和分析数据。企业应用系统产生大量数据，这些数据被读取到数据仓库中，并根据不同的分析方法对数据进行清洗和分类，获得最终用于搭建商业智能模型的数据。数据仓库中的数据通常是原始数据，具有极强的通用性和长期使用价值，使用者应尽量避免对这些数据进行修改。

2）ETL。ETL（Extract Transform Load）是数据仓库中必不可少的核心环节，ETL 的功

能就是数据清洗。ETL 是对数据仓库进行系统的加工与分类汇总，使数据最终按照预定的数据仓库模型范式进行预处理。

3）数据集市。数据集市（Data Mart）是企业内部部门级的数据仓库。比如销售中心的销售数据仓库，物流部门的成品销售数据仓库等。数据集市的好处是，既能满足用户对性能的需求，也不影响对数据的读取和调取，通过部门级的数据仓库（数据集），一定程度上缓解频繁访问数据仓库的访问压力。

4）数据集。数据集（Data Set）是指一种由数据所组成的集合，通常以表格形式出现。数据集又称为资料集、数据集合或资料集合，类似 PC 机中的"文件"，最常见的数据集就是 Excel 文件，文件里有工作簿，工作簿下有各种 sheet 表。Power BI 通过连接数据源读取数据集（一个或多个表）。

1.2.2 数据表常见术语

前面讲过，BI 就是用业务逻辑常识对数据分类汇总。数据存放在一个或多个数据表中。对于数据表，有一些非常重要的核心概念术语，理解这些核心术语，对于后续的学习至关重要。

（1）元数据

元数据（Meta）即是主数据，是用来描述数据的数据。专门存放元数据的表被称为元数据表或主数据表（Master Table）。例如：快递公司"顺丰速递"在"4 月 25 日"揽收了 200 票快件，双引号里的信息（顺丰速递，4 月 25 日）都是对 200 票的描述，是这 200 票的元数据。

（2）维度表和事实表

维度表是同类型属性信息的集合，是对客户世界的定性描述，往往是没有数字的。例如：日期表、地区表、产品分类表、商品名称表等，都是维度表。事实表，也称为数据明细表，是对定性数据的数据度量。例如：商品销售明细表，发货数据表等。维度表和事实表，为构建表之间的关系搭建了桥梁，Power BI 数据建模，本质上就是构建维度表和数据表之间的关系，在后面数据建模章节会详细讲述。

（3）一维表与二维表

数据分析的源数据应该是规范的，规范的标准就是数据源应该是一维表，而很多表格如 Excel 数据表是二维表，如果用 Power BI 获取二维表分析数据就不适合，且容易出错。那么，什么是一维表、什么是二维表呢？如下所示，图 1-2 是一维表，图 1-3 是二维表。

简单来说，一维表和二维表最大的区别就是：一维表的每一列都是一个独立的维度，列名就是该列值的共同属性，列名的学名叫字段，每一行是一条独立的记录。而二维表呢，同一维度分布在多列上。二维表更符合我们日常的阅读习惯，适合展示，但是作为源数据进行数据分析时，一维表更合适。用 Power BI 处理数据时，如果遇到二维表，就需要转换成一维表，具体转换方法在第四章中将会详细讲解。

月份	地区	金额
1月	北京	100
1月	上海	150
1月	广州	220
1月	深圳	320
2月	北京	120
2月	上海	230
2月	广州	100
2月	深圳	280
3月	北京	140
3月	上海	180
3月	广州	200
3月	深圳	140
4月	北京	200
4月	上海	280
4月	广州	220
4月	深圳	180
5月	北京	220
5月	上海	160
5月	广州	190
5月	深圳	200
6月	北京	300
6月	上海	220
6月	广州	250
6月	深圳	350

图 1-2　一维表

月份	北京	上海	广州	深圳
1月	100	150	220	320
2月	120	230	180	280
3月	140	180	200	140
4月	200	280	220	180
5月	220	160	190	200
6月	300	220	250	350

图 1-3　二维表

（4）主键

主键（Primary Key）即主关键字段，是表中的一个或多个字段，其值被用于唯一标识表中的某一条记录。在表关系中，主键的作用就是通过关键字段（主键），连接了多个表，获取其他表中的记录。例如：发货明细表中，发货单号就是唯一值，可以作为发货明细表中的主键，通过发货单号，可以获取另外一张表（如订单信息表）中的生产批次号。

1.2.3　常用的 BI 工具

目前市场上的 BI 产品有 20 多种，按照基于的语言大体可以分为以下三类。

1）无须编程语言的工具：Tableau、Power BI、FineBI、iCharts、Raw、Infogram、Chart-Blocks、Visualize Free 等。

2）基于 JavaScript 脚本实现的工具：ECharts、Chart. js、D3、ZingChart、Flot、Gephi、jQuery Visualize 等。

3）基于其他语言实现的工具：基于 PHP 的 jpGraph，基于 java 的 Processing，基于 Python 的 NodeBox，R 等。

尽管 BI 产品众多，但目前最常用只有三款，分别是 Tableau、Power BI 和 FineBI。

Tableau 是斯坦福大学开发的具有突破性技术的软件应用程序，具有极速高效、简单易用、高效接口集成的优良特征，由于推出市场较早，国内外企业应用最普遍。Power BI 是微软众多产品中的一款商业分析工具，可对数据进行清洗、建模分析与可视化，并在组织中共享见解，并与微软其他产品实现无缝对接，也得到了广泛的应用。FineBI（帆软），是一款优秀的国产 BI 软件，它具有"专业、简捷、灵活"的特点，学习成本低、功能全面且专业，仅需简单的拖动操作便可以设计复杂的报表。搭建数据 BI 系统。此外，FineBI 的 UI 设计和功能模块布局，比较符合中国人使用习惯，目前国内越来越多的企业选择部署 FineBI。

1.3 数据分析概述

1.3.1 数据分析的概念

何谓数据分析？数据分析就是利用合适的数据分析工具，在统计学理论的支撑下，首先对数据进行一定程度的预处理，然后结合具体业务分析数据，帮助相关业务部门监控、定位、分析、解决问题，从而帮助企业高效决策，提高经营效率，发现业务机会点，让企业获得持续竞争力。数据分析包含统计分析与数据挖掘。

1）统计分析：简单来说，就是用适当的统计分析方法与工具，对搜集来的数据进行处理和分析，提取有用信息来分析现状、问题与原因等。

2）数据挖掘：是从大量的、不完全的、有噪声的、模糊的、目的性不明的、随机的实际应用数据中，通过数理推理及统计分析技术（如聚类分析、预测模型、回归分析及模拟分析等）来分析大量的数据，然后找到客观规律，挖掘潜在价值的过程。

1.3.2 数据分析的常规流程

数据分析有一套成熟的分析方法论，基于分析的目的和场景，虽然每个公司都会有一套适合自己的数据分析流程，但是数据分析的核心步骤都是一致的，图1-4展示了数据分析的核心流程。

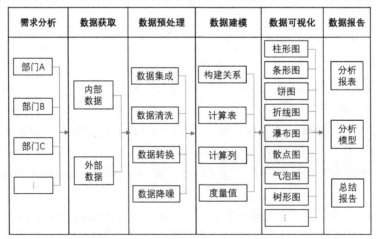

图 1-4　数据分析的常规流程

（1）需求分析

需求分析是数据分析最关键的一步，一步错，步步错。需求分析是针对业务部门的现状、场景、痛点进行拆分和梳理，结合现有的数据情况，提出数据分析需求的整体方向和分析内容，在数据分析方向上与业务需求方达成一致。

（2）数据获取

获取数据源，是数据分析工作的基础。数据获取主要有两种途径：内部数据和外部数据。内部数据主要是来自内部系统的数据，如企业 ERP 系统、销售系统、生产系统、物流系统数据等；外部数据，主要是客户或公共渠道获取的数据，如权威的市场调查机构、行业协会、政府部门网站等。

（3）数据预处理

数据预处理，也叫数据整理。是将原始数据通过一定的数据分析工具和方法，将之转化为可用于分析的数据，这些方法主要有数据集成（多个数据表合并）、数据清洗（修正不完整数据）、数据转换（行列变换使之适合分析）、数据降噪等（去粗取精，精简数据量）。

（4）数据建模

数据建模是指对现实世界各类数据的抽象组织。通俗地讲，是指建立数据间的逻辑关系并进行数据操作的过程。数据建模，通过构建表之间的关系建立关键链接，通过构建计算表和计算列，链接了与其他数据表之间的关系；度量值，通过函数公式对数据源进行聚合运算得出新的单个数据值。

（5）数据可视化

数据可视化是通过插入各种图表直观形象地展示数据。数据可视化的图表元素很多，常用的类型有柱形图、条形图、饼图、折线图、瀑布图、散点图、气泡图、树形图等。此外，还有一些第三方自定义图表、动态图表等。不同的图表适用不同的分析类型，需要根据分析的目的选择合适的图表。

（6）数据报告

数据报告是将数据分析的结果通过一定的逻辑整合成数据分析报告。主要形式有分析报表、分析模型、总结报告等，数据报告主要是通过 PPT 或 Word 形式撰写。

1.3.3 数据分析的三个要点

日常工作中，大家经常碰到这种情况：领导交给你一个问题，让你做分析、出结果；或者给你一堆数据，要求找出问题、分析问题、提出解决方案。很多人碰到这种场景时往往感觉无从下手。

这里介绍数据分析的三个要点，即看趋势、看分布、看对比。

首先看趋势。看目标数据的时间走向趋势是波动大还是较平缓？哪个阶段变化较大？异常点落在哪个时间段？看趋势的目的是把握整体的走向。可选工具主要有时间序列图。

其次看分布。目标数据段整体分布是发散的还是集中的？集中在哪个频率段？中位数集中在哪个区间段？占 80% 的数据集中在什么数据区间段？看分布的目的就是了解业务数据是否稳定，以及数据的集中度。可选工具有直方图、箱线图、正态分布、点图、柏拉图。

最后看对比。更多时候，环比和同比看不出什么问题，更不能说明问题，尤其是环比和同比结果相差不大的时候。这时候，可以与上月对比看看，稳定性如何？集中度有变化吗？变量之间有关系吗？相关关系是多大？可选工具有：堆积柱形图、方差分析、相关分析、回归分析等。

数据分析的三个要点：看趋势、看分布、看对比，就是基于业务场景，进行场景拆分与需求分析，通过趋势分析、分布分析、对比分析，找到问题所在，提出解决方案。

第 2 章
数据分析利器——Power BI

引言：本章重点介绍数据分析可视化利器——Power BI 的基本概念、组件构成、基本术语、工作流程、学习 Power BI 的必要性、软件安装方法及操作界面，让读者对 Power BI 有一个初步的系统性全局认识。本章内容是贯穿全书的宏观框架，为读者从全局的角度系统地理解 Power BI 打下基础。通过本章内容的学习，读者将会掌握如下知识点：

(1) 了解 Power BI 的历史及其组件构成；

(2) 掌握 Power BI 的工作流程；

(3) 了解学习 Power BI 对个人职业发展的价值；

(4) 掌握 Power BI 的安装方法；

(5) 熟悉 Power BI 的菜单栏界面。

2.1 认识 Power BI

2.1.1 Power BI 是什么

Power BI 是一款由微软研发的商业智能分析软件。Power BI 可以连接数百个数据源进行数据清洗、数据建模、数据可视化，生成丰富的交互式可视化仪表盘报告，发布到 Web 和移动设备上，供有权限的人员随时随地查阅，以便检测企业各项业务运行情况。

学习视频 01

Power BI 既可以作为个人报表的数据处理工具，也可用作项目组、部门或整个企业的 BI 部署和决策引擎。图 2-1 总结了 Power BI 的含义和特征。

2.1.2 Power BI 能做什么

Power BI 既可用作员工的个人报表处理和数据可视化制作工具，也可用作项目

Power BI是什么？

✓ 微软官方推出的可视化数据探索与数据分析交互式分析的报告工具。

✓ 核心理念是让业务人员无须编程，就能快速上手商业大数据分析与可视化。

✓ 是一款可视化自助式BI工具，简单易用。

✓ 构建在微软Azure公有云上的SaaS服务。

✓ 具有丰富的可视化图表组件（90+）。

✓ 跨设备使用、与各种不同系统无缝对接和兼容。

图 2-1　Power BI 是什么

组、部门或整个企业背后的分析和决策引擎。概括起来，Power BI 有如下功能。

- 数据清洗：能抓取网站或连接几百种数据源（Excel 文件/ERP/各种数据库等），获取源数据，通过强大的菜单功能，通过鼠标操作即可实现对数据进行行列转换、分组组合、透视与逆透视、合并与拆分、日期智能处理等数据清洗功能。
- 数据建模：能通过强大的 DAX 函数构建度量值/指标值，鼠标拖拽之间，即可建立各个表之间的关系，建立数据分析模型。
- 数据可视化：200 多种图表任意选择，只需鼠标拖拽，图表任意组合，可以瞬间生成自定义的可视化动态仪表盘，对数据进行多维度多角度分析，从而洞察数据背后的意义，辅助管理决策。
- 报表分享：可以对报表进行发布和分享，达到信息的共享和协作，并可以通过设置授权查看。支持移动端报表查看。

2.1.3 Power BI 组件的构成

Power BI 由三个部分组成，即 Windows 桌面端应用程序（Power BI Desktop）、云端在线应用（Power BI 服务），以及可在 iOS 和 Android 设备上使用的 App（Power BI 移动版）。具体到个人和企业的场景需求，Power BI 软件版本主要有四种。

1）Power BI Desktop：Power BI Desktop 是一款可在本地计算机上安装的免费应用程序，使用者可以在微软官网下载，作为个人学习者报表处理工具，并可发布内容但无法共享数据，适用于个人进行数据分析。非常适合用于个人学习。

2）Power BI Pro：如需使用 Power BI 云服务，就需注册购买 Power BI Pro 账号，费用每月大约 7 美元，Power BI Pro 用户可发布和共享数据，适用于个人及中小企业。

3）Power BI Premium：属于大型企业级应用，是 Power BI Service 的最高级别，面向企业中的所有用户，本质上是一个封装了各种高级分析能力、提供 SaaS 服务的 Analysis Services 数据库。Power BI Premium 为大型企业提供了一套经济实惠、物理环境专用且性能强大的 Power BI Service 解决方案。概括地讲，Premium 是专有云服务器，独占资源，Pro 账号用户可以发布仪表盘，并分享给 Free 账号用户阅读，Premium 费用每月大约 5000 美金，适用于大型企业部署使用。

4）Power BI Embedded：面向开发者，即编写应用程序代码的开发人员和软件公司。借助 Embedded，应用程序开发人员将交互式报表嵌入其应用程序中，而无须用户自己重新制作，大大提升了企业报表构建效率。购买 Power BI Embedded 后，只需将一个 Pro 账号作为代理账号，通过嵌套应用程序分享报表，访问用户无须具有任何 Power BI 账户，报表访问权限由嵌套的应用程序控制。Power BI Embedded 属于微软 Azure 云上的服务，按照小时收费。

2.1.4 Power BI 的工作流程

下面介绍 Power BI 常规的工作流程。

1）将数据导入 Power BI Desktop，单击"转换数据"，进入 Power Query 界面进行整理数据，根据需要可以进行数据合并、转换、条件列、逆透视等操作。

2）数据导入后，数据进入了 Power BI Desktop 的数据建模层面，即 Power Pivot 界面，根据需要可以构建数据表之间的关系、新建计算列、计算表，度量值创建等。

3）切换到报表视图，创建可视化图表。并将制作完成的报表发布到 Power BI 服务，在其中可以创建新的可视化报表或生成仪表板，以便与他人共享。

4）在 Web 网页中浏览报表数据，或在移动端（如手机或 PAD）进行报表数据的查阅。

2.2　为什么要学习 Power BI

"大智移云物区"——大数据、人工智能、移动互联网、云计算、物联网和区块链等技术的快速发展，各种数据可视化应用层出不穷，随之出现了大量的商业可视化分析工具。在众多可视化工具中，Power BI 横空出世，后来居上。

2021 年 2 月，国际著名咨询机构 Gartner 公司发布的《商业智能和分析平台魔力象限》年度报告显示，微软连续第 14 年入选，已经稳坐商业智能分析平台头把交椅，并且进一步拉开和 Tableau 的综合差距，并超越一切对手再次成为最具领导力和超前愿景的 BI 公司。

众所周知，微软家族产品众多，Power BI 只是众多产品中的一个，微软如今每个月都在对 Power BI 功能进行更新，相比 Office 产品 3 ~ 5 年更新一次的频率来看，Power BI 每月更新的速度足以证明微软对 Power BI 寄予厚望。Power BI 致力于实现 BI 大众化，BI 人人可用，而且能为每个人所用，即人人都是数据分析师。

目前，Power BI 在商业智能和分析平台领域处于遥遥领先的地位，Power BI 已经被世界范围内 97% 的世界 500 强企业使用，如图 2-2 所示。

对于个人职场发展来说，学习 Power BI 尤为必要。大部分人平时接触最多是 Excel，但是当数据量较大时，Excel 就显得力不从心了。当需要处理复杂数据时，用 Excel 比较繁杂，而用 Power BI 数据清洗功能就方便多了。例如，求去年同期销售额、求年初累计销售额、生成时间表、取出不重复的订单生成一张表等，用 Excel 是不易实现的，而用 Power BI 就能轻易解决。

经过多年的发展，Excel 已经成为职场人的基本技能，Excel 再熟练，也只是"表哥表姐"的标配，无法成为职场核心竞争力。而 Power BI 问世不到十年时间，熟练掌握的人还很少，大数据时代，熟练掌握 Power BI，无疑将大大提升自己的职场竞争力。图 2-3 是笔者与一位海外学员的聊天记录，可见，学习 Power BI，对个人的职业生涯发展将大有益处。

图 2-2 世界 500 强大部分在使用 Power BI

图 2-3 学习 Power BI，助力职业发展

2.3 Power BI Desktop 概述

2.3.1 Power BI Desktop 的安装方法

Power BI Desktop 是一款完全免费的个人桌面版产品，用户可登录微软官方网站免费下载软件安装包，在本地计算机自行安装。安装步骤如下。

1）百度一下"power bi desktop 下载"，找到微软官网下载界面，或者直接输入网址：https：//www.microsoft.com/zh-CN/download/details.aspx? id = 45331，单击"下载"弹出"选择您要下载的程序"对话框，如果操作系统是 32 位，则勾选"PBIDesktop.msi"复选框；如果操作系统是 64 位，勾选"PBIDesktop_X64.msi"复选框，如图 2-4 所示。

2）单击"下一步"按钮进入安装向导，按照系统提示安装即可，如图 2-5 所示。安装过程中会弹出"Microsoft 软件许可条款"，勾选"我接受许可协议中的条款"，如图 2-6 所示。在弹出的"目标文件夹"文本框中，单击"更改"按钮，指定安装位置，如图 2-7 所示；在弹出的"创建桌面快捷键"复选框中，建议勾选该选项，如图 2-8 所示，创建桌面快捷键可以为以后每次启动 Power BI Desktop 程序提供方便，然后单击"安装"按钮。

3）安装完成后，在桌面上会生成 Power BI Desktop 图标，表示安装成功，如图 2-9 所示。

需要注意的是，Power BI Desktop 的安装过程本身比较简单，但是受制于 PC 的配置影响，安装过程中可能会出现各种错误提示，导致安装失败。笔者总结了众多学员的安装错误提示，供安装不成功的读者参考。

1）计算机操作系统要 Windows 7 以上，最好是 Windows 10 系统。

2）最好是 64 位操作系统。理论上 32 位操作系统也能安装，由于运行 32 位操作系统的 PC 性能较差，安装容易出错。

图 2-4　Power BI Desktop 下载界面

图 2-5　启动安装向导

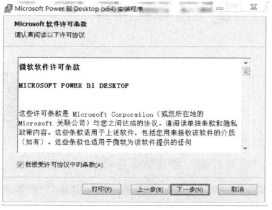

图 2-6　选择接受许可协议

图 2-7　自定义选择安装位置

图 2-8　选择是否创建桌面快捷方式

图 2-9　安装完成

3）出现"Framework"字样的错误提示，则需要从微软官网下载 Microsoft. NET Framework 4. 7. 2 Setup 插件（或最新版本），可在微软官网下载。

4）将浏览器更新升级至 Internet Explorer 9 RTM 以上的最新版本，或者下载谷歌浏览器。

2.3.2　Power BI 账号注册

启动 Power BI Desktop 后，软件会弹出要求注册并登录 Power BI 账号提示。无论是 Power BI Desktop 桌面版还是 Power BI Pro 专业版，都需要用企业邮箱注册账号，个人邮箱和公共邮箱不能注册（没有企业邮箱的，可以联系笔者）。拥有了 Power BI 账号的桌面版用户可以下载第三方自定义图表组件，将内容发布到工作区；拥有 Power BI Pro 专业版账号，可以启动 Power BI Online Service 在线服务功能，可以将制作好的可视化报表进行在线发布、分享、查看和编辑，也可以使用 Power BI Mobile 功能，从而在手机中查看可视化报表。

Power BI 官网提供了 60 天的免费使用 Power BI Pro 专业版账号的期限，60 天后，软件会提示若需要继续使用 Pro 专业版，则需要向微软付费，获取继续使用权限。

2.3.3　Power BI Desktop 界面介绍

Power BI Desktop 主界面比较简洁，由菜单栏、视图和报表编辑器三部分构成。如图 2-10 所示。

学习视频 02

（1）菜单栏

顶部是主菜单，用于数据的基本操作，包括"文件""开始""视图""建模"等功能。比如，打开"开始"菜单，通过"获取数据"创建数据连接。

图 2-10　Power BI Desktop 界面

（2）视图

Power BI Desktop 中有数据视图、关系视图和报表视图三种视图。

- **数据视图**：显示的是获取并整理后的数据，以数据模型格式查看报表中的数据，如图 2-11 所示。在数据视图中，显示的数据，就是获取并整理后的数据加载到模型中的样子，在其中可添加度量值、创建计算列。

图 2-11　数据视图界面

- **关系视图**：用于显示模型汇总的所有表、列和关系，如图 2-12 所示。关系视图以图形方式显示已在数据模型中建立的关系，并可根据需要管理、修改、构建关系，即数据建模。

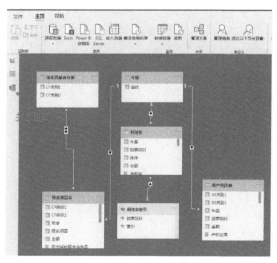

图 2-12　关系视图界面

- **报表视图**：提供构建可视化图表的空白画布区域，如图 2-13 所示。在报表视图中，可使用创建和导入的表来构建具有吸引力的视觉对象，报表可包含多个页面，并可分享给他人。

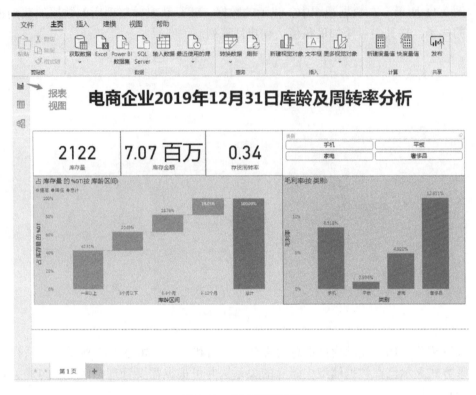

图 2-13　报表视图界面

（3）报表编辑器

报表编辑器位于界面的右边，由"筛选器""可视化""字段"3 个窗格组成。"可视化"和"筛选器"用于控制筛选可视化对象的外观显示和编辑交互功能；"字段"用于管理可视化展示维度的基础数据。

第 3 章
Power BI 初体验——数据分析与可视化制作全过程

引言：为了让读者快速掌握 Power BI Desktop 桌面版制作报表的应用流程，本章基于皇冠蛋糕连锁店销售数据分析的模拟案例，展示了从数据获取开始，到数据整理、数据建模及可视化，再到最后的报表发布的完整流程。通过本章内容的学习，读者将会掌握如下几个方面的内容：

(1) 了解数据清洗的主要内容；

(2) 了解数据建模的操作方法，如构建关系、度量值、新建列；

(3) 了解构建数据可视化的操作路径；

(4) 掌握可视化报表的三种发布方法；

(5) 全面了解构建完整的 Power BI 可视化报表的宏观思路。

3.1　项目案例概述

皇冠蛋糕连锁是华南地区较大的蛋糕连锁店，在华南、华中、华东拥有 20 多家直营店铺，主要制作并销售各种蛋糕和饼干，同时代销各种饮料。皇冠蛋糕连锁从销售系统中导出了 2020—2021 年所有店铺的全年销售数据，希望通过 Power BI 制作可视化仪表盘，通过多维度比较分析，找到存在的问题，同时洞察潜在的机会，从而为未来的经营决策提供参考。

以下是这个利用 Power BI 进行数据分析的项目案例的全过程。

3.2　数据清洗：修正错误

在将数据导入 Power BI 之前，首先需要对源数据有一个结构上的了解。本章源数据"第 3 章案例数据 .xlsx"是一个 Excel 工作簿，共包含产品表、日期表、门店表和销售表 4 张工作表。分别如图 3-1、3-2、3-3、3-4 所示。

A	B	C	D	E
产品分类ID	产品分类名称	产品ID	产品名称	单价
101	面包	1001	吐司面包	25
101	面包	1002	粗粮面包	20
101	面包	1003	全麦面包	14
102	饼干	2001	曲奇饼干	10
102	饼干	2002	全麦饼干	8
103	饮料	3001	凉茶	4
103	饮料	3002	果汁	6

图 3-1　产品表

A	B	C	D
日期	年	月	季度
2020-1-1	2020年	1月	第1季度
2020-1-2	2020年	1月	第1季度
2020-1-3	2020年	1月	第1季度
2020-1-4	2020年	1月	第1季度
2020-1-5	2020年	1月	第1季度
2020-1-6	2020年	1月	第1季度
2020-1-7	2020年	1月	第1季度
2020-1-8	2020年	1月	第1季度
2020-1-9	2020年	1月	第1季度
2020-1-10	2020年	1月	第1季度
2020-1-11	2020年	1月	第1季度

图 3-2　日期表

A	B	C
店铺ID	店铺名称	省份名称
101	广州市	广东省
102	深圳市	广东省
103	佛山市	广东省
104	东莞市	广东省
105	惠州市	广东省
106	中山市	广东省
107	江门市	广东省
108	珠海市	广东省
109	湛江市	广东省

图 3-3　门店表

A	B	C	D	E	F
订单号	订单日期	店铺ID	产品ID	会员ID	数量
D2000001	2020-1-1	111	3002	1515	8
D2000002	2020-1-1	104	3002	8789	7
D2000003	2020-1-1	110	3002	3633	10
D2000004	2020-1-1	110	1001	5880	13
D2000005	2020-1-1	104	2002	4704	11
D2000006	2020-1-1	102	3002	9376	10
D2000007	2020-1-1	102	2001	3475	10
D2000008	2020-1-1	106	2001	8515	16

图 3-4　销售表

3.2.1　获取数据

Power BI 可以获取几十种数据源中的数据，Excel 工作簿中获取数据较为常见。需要注意的是，从 2020 年开始，随着 Power BI 版本的不断更新，后缀为 .xls 的 Excel 文件已无法导入 Power BI 软件中，所以 Excel 版本最好升级到 2016 及以上采用后缀为 .xlsx 的文件格式。Power BI 获取数据的操作步骤如下。

步骤 1：启动 Power BI Desktop，在功能区"主页"选项卡组中单击"获取数据"按钮，选择 Excel，如图 3-5 所示。

图 3-5　获取数据

　　步骤 2：打开案例数据所在的文件夹，选择"第 3 章案例数据"文件，单击"打开"按钮，如图 3-6 所示。

图 3-6　选择文件

　　步骤 3：导航器下选中 4 个表：产品表、门店表、日期表及销售表，然后单击"加载"按钮，将数据导入 Power BI 软件中，如图 3-7 所示。

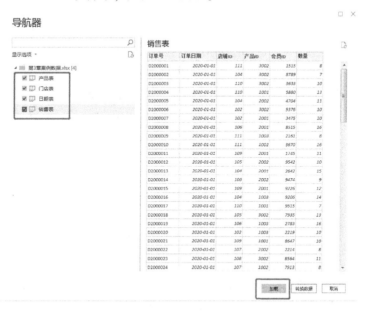

图 3-7　加载数据

　　步骤 4：保存文件。左上角单击"文件"→"另存为"命令，选择自定义的存放位置，输入文件名"第 3 章皇冠蛋糕数据分析"，单击"保存"按钮，此时的文件后缀名默认为 .pbix，如图 3-8 所示。

图 3-8　保存文件

3.2.2　整理数据

数据整理即数据清洗，是指通过各种方法将获取的数据整理成规范的内容和格式，保证数据符合数据建模和可视化构建的要求。数据整理，就是需要检查数据类型是否正确，是否存在空行、空值，无效的数据列是否需要删除（数据降噪），数据表是否需要进行合并、填充、转置和筛选，甚至是否有必要增加新列等。这些整理方法需要在 Power Query 中进行。Power Query 也叫查询编辑器，是 Power BI 进行数据整理的"神器"。单击"转换数据"即可进入 Power Query（2020 年之前的 Power BI 版本，进入 Power Query 需要单击"编辑查询"，新版本的"转换数据"和"编辑查询"是一回事，只是名称变了），如图 3-9 所示。

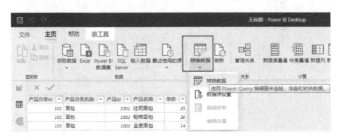

图 3-9　进入 Power Query 的路径

接着需要检查各表数据，大部分相对完整，只是发现月份显示的是年月日，需要转化为按月显示，转化为按日显示的操作方法如图 3-10 所示。

最后，检查导入的数据表，是否存在未发现的空行及错误。因数据表行数较多，无法人工逐行检查，通过 Power Query 进行整理比较方便快捷。具体方法为：选中"销售表"，执行"开始→删除行→删除空行"/"删除错误"命令。如图 3-11 所示，然后执行"文件"→"关闭并应用"命令，如图 3-12 所示。

图 3-10　月份转换

图 3-11　删除空行和错误

图 3-12　关闭并应用

3.3　数据建模：梳理表之间的内在关系

Power BI 处理的表往往是多个，其优势就是打通来自各个数据源中的各种表，通过各个维度分类汇总与可视化呈现。前提是，各个表之间需要建立某种关系。建立关系的过程就是数据建模。根据分析的需要，还可以通过新建列、新建表、新建度量值等方式进行各类数据分析，也叫数据建模，数据建模的目的是对数据进行多维度可视化分析。

3.3.1　建立数据表之间的关系

建立数据表之间的关系，就是建立维度表和事实表之间关联的过程。单击 Power BI 窗口左侧的关系视图图标，通过观察前面的图 3-1 ~ 图 3-4 可以看出，产品表通过"产品 ID"与销售表建立了自动关联；门店表通过"店铺 ID"与销售表建立了自动关联。Power BI 具有一定的智能数据建模功能，但是有些情况下软件并不能非常智能地建立所需要的关联，比如日期表通过"日期"与销售表中的"订单日期"对应，但并未自动智能建立关联，需要手动建立关联。操作方式是鼠标指向日期表中的"日期"按住不放，拖拽到销售表中的"订单日期"，如图 3-13 所示。

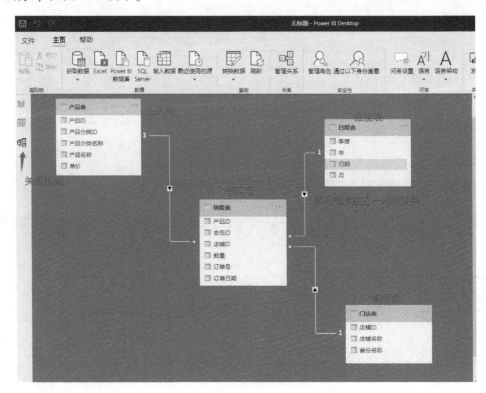

图 3-13　创建表之间的关系

3.3.2　新建列

因销售表中只有数量列，没有单价列，为了计算销售金额，需要将产品表中的单价列引入销售表中，通过新建销售金额列，求得每一行每笔订单的销售金额。新建列需要用到 DAX 函数，DAX 函数在后面第 5 章中有详细说明。操作步骤如下。

步骤 1：单击窗口左侧的数据视图图标，选择窗口右侧的"销售表"，选中"订单号"列，选择"以升序排列"（也可以选择"订单号"右侧的三角图标，也会带出排序选项），如图 3-14 所示。

步骤 2：主页选项下选择"新建列"，在公式编辑窗口，将名称改为单价。等号后输入公式"RELATED（'产品表'［单价］）"，按〈Enter〉键确认，结果如图 3-15 所示。关于 RELATED 的用法，在后面第 5 章会有详细讲解，这里不再赘述。

图 3-14　字段升序排序

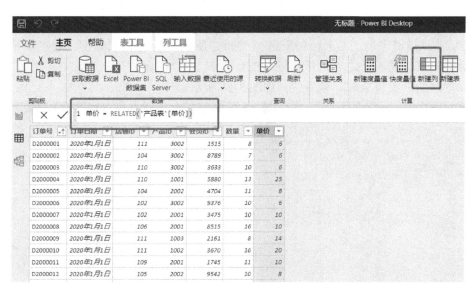

图 3-15　新建单价列

步骤 3：新建金额列，在公式编辑栏输入公式"金额 ='销售表' ［数量］ *'销售表' ［单价]"，结果如图 3-16 所示。

3.3.3　新建度量值

度量值是 Power BI 数据建模的"灵魂"，有了度量值，才能从各个维度对数据进行指标构建、分类汇总。关于度量值的含义和用法，将在第 5 章有详细介绍。

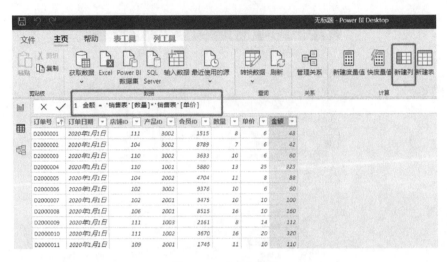

图 3-16　新建金额列

本案例需要通过设置度量值构建四个指标：销售金额、销售数量、单店平均销售额、营业店铺数量。构建步骤如下。

步骤 1：选择销售表，主页选项下选择"新建度量值"（表工具下也有度量值选项），在公式编辑窗口，输入公式"销售金额 = SUM（'销售表'［金额］）"。在右侧字段栏下可以查看到新增加的"销售金额"度量值，如图 3-17 所示。

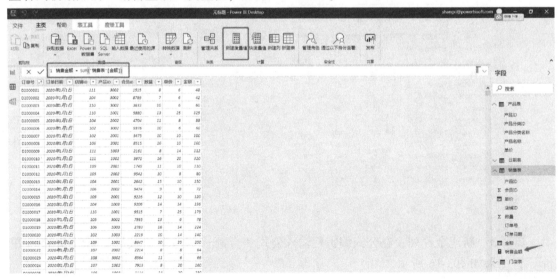

图 3-17　建立销售金额度量值

步骤 2：用同样的方法构建销售数量、营业店铺数量和单店平均销售额 3 个度量值公式。公式分别为：

销售数量＝SUM（'销售表'［数量］）

营业店铺数量 = DISTINCTCOUNT（'销售表'［店铺 ID］）

单店平均销售额 = ［销售金额］／［营业店铺数量］

最终结果如图3-18 所示。

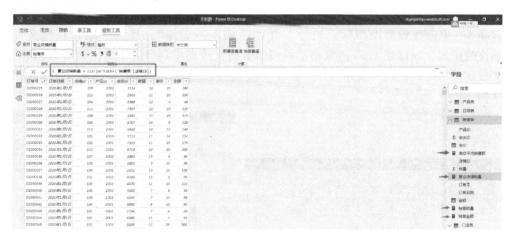

图3-18　新建销售数量、营业店铺数量、单店平均销售额 3 个度量值

3.4　数据可视化：炫酷的数据表达方式

Power BI 的数据可视化功能，实际上就是将数据以图形化的形式展示出来。Power BI Desktop 为用户提供了丰富的数据可视化效果，这些图形包括 Power BI 自带的图表元素，如柱形图、折线图、散点图、卡片图、漏斗图、地图、环形图、切片器、表格、形状、线条灯，也包括在其第三方网站上下载的个性化图表元素，可以进行更加炫酷的数据可视化表达。在报表视图的"可视化"窗格中进行各种可视化效果的创建，如图3-19 所示。

图 3-19　可视化窗格

3.4.1 插入 Logo、文本等基本元素

为体现公司的企业文化风格，通常会在可视化界面左上角或右上角加上公司的 logo，通过插入文本框输入文本，并进行修饰，使得可视化界面显得专业和有条理。

本案例将插入"皇冠蛋糕"Logo 并输入文本。操作步骤如下：

步骤 1：单击报表视图图标，执行"开始→插入→图像"，找到本地计算机文件夹中 Logo图片的位置，鼠标在 Logo 边缘拖动可以将其放大或缩小到合适位置，如图 3-20 所示。

步骤 2：继续"插入→文本框"，输入"皇冠蛋糕连锁"，调整字体大小到合适状态，如图 3-21 所示。

图 3-20　插入 Logo

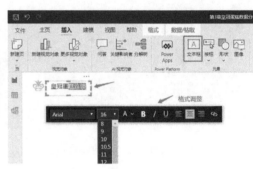

图 3-21　插入文本框输入文字

步骤 3：选中"线条"，在右侧格式设置栏中设置线条颜色和旋转90°，如图 3-22 所示。调整线条位置到 Logo 和文字下方合适位置，最终结果如图 3-23 所示。

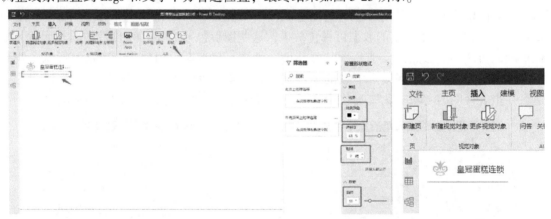

图 3-22　插入线条　　　　　　　　　　　　　　　图 3-23　最终结果

3.4.2 插入内置的可视化图表

本案例需要插入内置的图表组件有卡片图、环形图、条形图、树形图、折线和簇状柱形图等。

1. 插入卡片图

卡片图主要显示关键指标数据，如收入、成本、利润、销售量、销售额等 KPI 指标。为突出重要性，卡片图通常放置在可视化界面的最上方。本案例将用卡片图展示销售金额、销售数量、营业店铺数量、单店平均销售额共四个度量值。操作步骤如下。

步骤 1：在报表视图界面，双击窗口右侧可视化栏中的卡片图图标，如图 3-24 所示。将字段窗格销售表中的销售金额度量值拖放到卡片图中，结果如图 3-25 所示。

图 3-24　卡片图位置

图 3-25　插入卡片图

步骤 2：单击字段窗格下格式图标，可以对卡片图的字体、颜色、边框、位置等进行设置，如图 3-26 所示。

步骤 3：同样方法，复制粘贴销售金额卡片图，将字段替换成其他三个度量值，调整好位置，结果如图 3-27 所示。

图 3-26　调整卡片图位置、颜色、
显示单位和加边框

3584059	290676
销售金额	销售数量
22	162,912
营业店铺数量	单店平均销售额

图 3-27　插入其他卡片图并在
格式中调整位置

2. 插入环形图

环形图显示各分类数据占数据总量的比例，用不同颜色区分不同分类。本案例通过环形图显示不同产品的销售额情况，操作步骤如下。

步骤1：单击右侧可视化窗格环形图图标，在字段栏中，将"产品名称"拖动到"图例"处，"销售金额"拖动到"值"处，如图3-28所示。

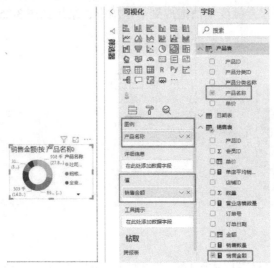

图3-28　插入环形图并设置字段属性

步骤2：选择"格式"修改可视化效果，在"数据颜色"选项组中设置不同数据对应的颜色，对"图例""背景色""文本大小"等进行设置，最终效果如图3-29所示。

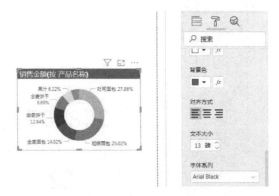

图3-29　环形图可视化效果

3. 插入簇状条形图

簇状条形图适用于不同分类、系列之间的对比。本案例用条形图显示不同产品分类下的销售额，并按销售额大小进行排序。设置步骤如下。

步骤 1：单击右侧可视化中的"簇状条形图"控件，在字段窗格中将"产品分类名称"拖动到"轴"处和"图例"处，将"销售金额"拖动到"值"处，如图 3-30 所示。

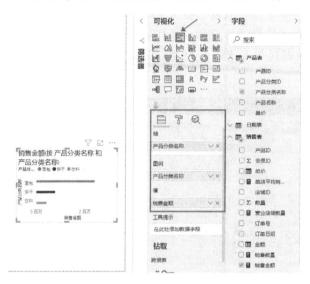

图 3-30　插入簇状条形图并设置字段属性

步骤 2：单击条形图右上角的…图标（即"更多选项"图标），将销售金额按升序或降序排序，如图 3-31 所示。

步骤 3：选择"格式"修改可视化效果。①分别打开"X 轴"或"Y 轴"选项组，设置"文本大小""显示单位"等；②打开"数据颜色"，修改数据对应的图形颜色；③将"数据标签"设置为"开"，修改"显示单位""文本大小""字体序列"等选项，最终可视化效果如图 3-32 所示。

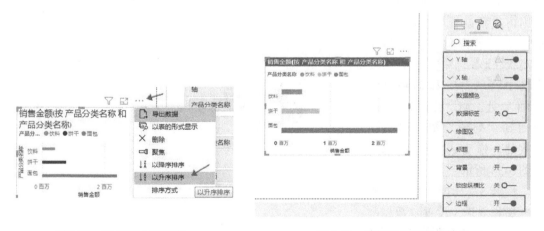

图 3-31　对销售金额排序　　　　　　　　　图 3-32　修饰后的可视化效果

4. 插入折线和簇状柱形图

显示不同月份下的销售金额和销售数量，即月份轴（X 轴）是共用的，Y 轴是两个，一个是销售金额，另一个是销售数量，类似 Excel 制图中的双坐标轴图。本案例在 Power BI 中选择折线 – 簇状柱形图效果进行展示，操作步骤如下。

步骤 1：切换到数据视图，选择日期表，新建月份列，输入公式"月份 =［月］&"月""，如图 3-33 所示。

图 3-33　新建月份列

步骤 2：复制粘贴一份前面制作的条形图，鼠标选中条形图（被复制粘贴的可视化对象的格式也复制过来了，不用再重新设置格式），然后单击右侧可视化中的"折线和簇状柱形图"控件，在字段窗格中将"月"拖动到"共享轴"处，将"销售金额"拖动到"列值"处，将"销售数量"拖动到"行值"处，如图 3-34 所示。

步骤 3：选择"格式"修改可视化效果，设置"数据颜色"，然后将图形调整到合适位置，最终结果如图 3-35 所示。

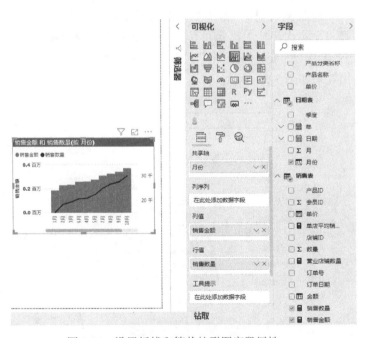

图 3-34　设置折线和簇状柱形图字段属性

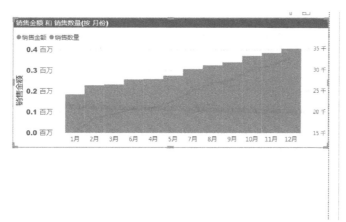

图 3-35　设置后的折线和簇状柱形图效果

5. 插入切片器

本案例中的数据是两年的数据（2020 年和 2021 年），需要设置年度和店铺名称切片器，通过切片器中不同年份或店铺的选择来可视化展示各类数据。操作步骤如下。

步骤 1：单击右侧可视化中的"切片器"控件，在字段窗格中将日期表中的"年"拖动到字段参数中，如图 3-36 所示。

步骤 2：选择"格式"修改可视化效果。切片器右上角下箭头图标下，选择"列表"，切片器"边框"选择"开"，结果如图 3-37 所示。

步骤 3：同样方法，设置店铺名称切片器，然后将图形调整到合适位置，最终效果如图 3-38 所示。

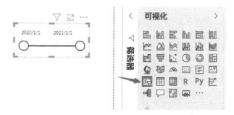

图 3-36　插入切片器

图 3-37　切片器格式设置　　　　　图 3-38　设置店铺名称切片器

3.4.3　插入第三方可视化图表

以上生成的各个图表是 Power BI 自带的内置图表，如果想要使用更多的可视化效果，可以在"可视化"窗格中单击…图标，然后在弹出的菜单中选择添加第三方的可视化效果，如图 3-39 所示。也可以从本地文件或微软公司的 **AppSource** 网站下载的资源中导入新的可视化效果，导入方式如图 3-40 所示，需要在搜索框输入所需可视化图表的英文名。

图 3-39　获取更多可视化视觉对象　　　　　　　图 3-40　AppSource 网站

本案例需要展示每种产品的销售金额是否随着销售数量的增加而增加，可以用旋风图（Tornado）来显示。操作步骤如下：

步骤 1：在菜单栏"更多视觉对象"下选择"从 AppSource"，搜索框输入"Tornado"，选择"添加"，如图 3-41 所示。

图 3-41　插入旋风图

步骤 2：单击右侧"可视化"通络中新增的"Tornado"控件，在字段窗格中将"产品名称"拖入到"组"，将"销售金额"和"销售数量"拖入到"值"，如图 3-42 所示。

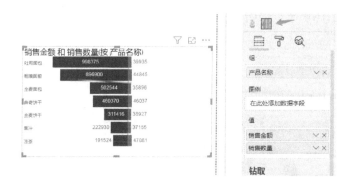

图 3-42　设置旋风图字段属性

步骤 3：选择"格式"修改可视化效果，设置"数据颜色"，加上边框，并将图形调整到合适位置，最终结果如图 3-43 所示。

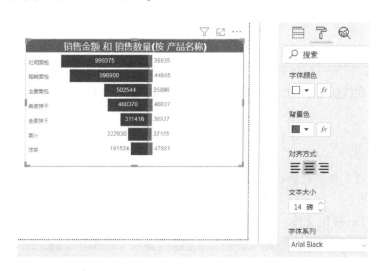

图 3-43　可视化效果

3.4.4　报表美化

各个可视化图表制作好后，需要调整为统一风格，比如标题背景色、字体大小，对齐格式、主题风格等，使其更加齐整和美观。本案例将各个可视化图表的标题背景色统一设置为灰色、文本大小为 14 磅，居中对齐，字体选择为"Arial Blank"，如图 3-43 右侧格式栏所示。最后对齐各个可视化图表，也可以在菜单栏"视图"下选择各种主题风格，美化后的报表如图 3-44 所示，并将文件另存为"第 3 章皇冠蛋糕数据分析 . pbix"文件。

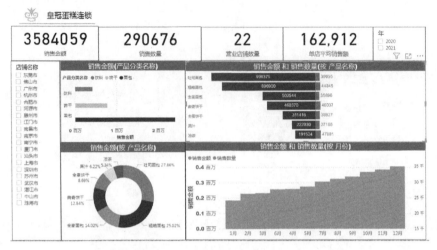

图 3-44　美化后的可视化效果

3.5　发布可视化报表：与他人共享数据

如果要将制作好的可视化报表分享给他人，便于他人在移动端或平板计算机中浏览，需要用到 Power BI 在线服务，即 SaaS 服务，用户需要拥有一个 Power BI 账号进行在线报表的创建与分享。

3.5.1　在线发布

本案例将"第 3 章皇冠蛋糕数据分析 . pbix"可视化报表发布到 Power BI 在线服务网站中，操作步骤如下。

步骤 1：打开可视化文件，单击菜单栏"主页"→"发布"按钮，如图 3-45 所示。

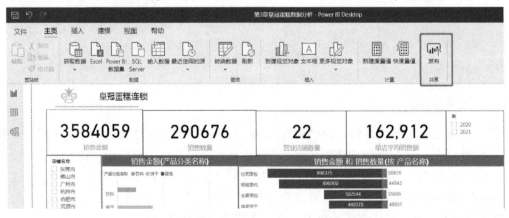

图 3-45　在线发布入口

步骤 2：弹出发布成功提示，单击"知道了"按钮，如图 3-46 所示。

图 3-46　成功发布到 Power BI

步骤 3：单击"在 Power BI 中打开'第 3 章皇冠蛋糕数据分析 . pbix'"链接，通过 Power BI 账号密码登录到 https：//app. powerbi. com 国际版网站（国内版网站是 http：// app. powerbi. cn），查看发布的可视化图表，如图 3-47 所示。由于 Power BI 更新很快，读者所看到的界面可能和图 3-47 有所不同。

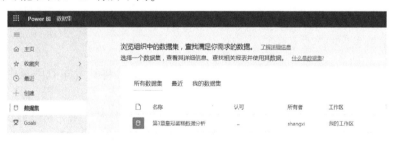

图 3-47　工作区查看发布的报表

Tips小贴士

由于国际版网站速度较慢，并且 Power BI Desktop 无法进行数据共享，发布到在线服务时，速度较慢且容易出异常。如若需要数据共享以及更好的产品体验，建议升级到 Power BI Pro 专业版账号（微软会收取每年约 700RMB 费用）。

3.5.2　在移动应用端查看报表

在手机移动端下载 Power BI App，用 Power BI 账号登录即可查看可视化报表（手机端也可对报表进行编辑）。操作步骤如下。

步骤 1：手机上打开 Power BI App，账号登录后，打开"我的工作区"或者"主页"，如图 3-48 所示。

步骤 2：单击"第 3 章皇冠蛋糕数据分析 . pbix"，查看报表，如图 3-49 所示。

图 3-48　在移动端中打开我的工作区　　　　　　图 3-49　查看手机报表

3.5.3　在 Web 端查看报表

制作好的可视化报表只想公开查看和分享给他人，则可将其发布到网页中，通过嵌入链接发布，操作步骤如下。

步骤 1：打开报表，界面顶部的"我的工作区"后面会出现"第 3 章皇冠蛋糕数据分析"，此时依次单击"文件"→"嵌入报表"→"发布到 Web（公共）"按钮，如图 3-50 所示。

图 3-50　发布到 Web

步骤 2：在"嵌入公共网站"对话框（见图 3-51）中单击"创建嵌入代码"按钮，在弹出的对话框中单击"发布"按钮，如图 3-52 所示。

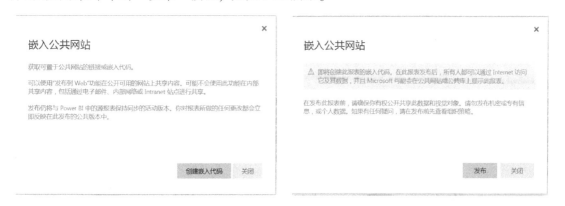

图 3-51　"嵌入公共网站"对话框　　　　　　　　图 3-52　单击发布

步骤 3：在"成功！你的报表已准备好用于分享"对话框中，复制生成的链接地址，粘贴在浏览器的地址栏中，即可在 Web 页面中查看报表，如图 3-53 所示。

图 3-53　生成链接地址

第4章
整理不规范数据——
Power BI 数据预处理

引言：由于数据来源广泛，往往存在多种规范性问题，需要经过整理才能用于数据分析。在数据分析之前，Power BI 通过调用其组件 Power Query 编辑器完成数据整理工作。本章结合具体实例，带领读者高效掌握 Power BI 数据预处理的方法和技巧，提高数据处理工作效率，尽快告别"数据搬运工"，节省更多时间从事数据分析工作。通过本章内容的学习，读者将掌握如下几个方面的内容：

（1）熟悉获取数据源的几种方法；

（2）熟练掌握数据行列、格式、类型的转换；

（3）熟练掌握数据的拆分、提取、合并；

（4）熟练掌握数据透视与逆透视的操作方法；

（5）熟练掌握分组依据功能、合并与追加查询的操作；

（6）熟练掌握添加列的方法与日期/时间类的处理；

（7）通过综合案例的演练，能够熟练利用本章介绍的上述数据处理方法，对复杂案例进行一系列的数据清洗。

4.1　数据表的规范性要求

目前，大部分企事业单位的信息系统中导出的数据，通常会另存为 Excel 文件，再导入到 Power BI Desktop 中进行分析，也存在手工制作的 Excel 报表再导入 Power BI Desktop 中的情况。实际上，很多新手在 Power BI Desktop 软件中导入 Excel 表格时，经常出现报错提示，导致导入失败。原因在于，Power BI Desktop 能识别的文件一定要符合数据库表规范，即要遵守以下原则：

学习视频03

1）表格中不能出现合并单元格；

2）字段不能有空值，避免出现空列；

3）避免多行标题、多列标题；

4）同一列数据的数据类型应该统一，不能出现两种数据类型；

5）字段表头应该在第一行，前后避免出现空行；

6）删除不必要的空格，文本中不必要空格要去掉；

7）不能出现斜线表头；

8）二维表格要转为一维表格；

9）不能出现非法日期；

10）Office 最好是 2016 及以上版本（现在 Power BI 版本不支持扩展名为 .xls 的 Excel 文件）。

因此，对于存在上述格式不规范情况的表格，尽量在导入 Power BI 软件前进行数据表的规范性处理，不便处理的，可以在导入 Power BI Desktop 后处理，比如二维表格转换成一维表格，通过 Power Query 处理就比较简单。图 4-1 和图 4-2 分别展示了不规范数据和规范数据的范式，如数据存在合并单元格、空格、空列等情况，数据表的规范性要求对这些数据进行处理，否则会导致数据导入失败。

发货平台	发货单号	省份		配送中心	商品数量	包装数量	体积	重量	运输方式	付费类型	是否门到门
上海	FFD100806002197	上　海	上海	上海	15	11	0.622	82.105	公路专线		3
	FFD100809004017	上　海	上海	上海	96	96	5.8896	828.48	公路专线		3
深圳	MFD100809000536	上　海	浦东	上海	2	2	0.02229	3.498	航空运输		1
上海	CFD100808000633	江西	赣州	南昌	120	120	6.628	876.402	公路专线		1
	FFD100808004644	湖北	武汉	武汉	180	80	3.1446	549.792	铁路运输		1
	CFD100807000971	宁夏	银川	银川	20	20	1.232	194.2	铁路运输		1
	FFD100808007797	湖北	武汉	武汉	40	11	0.41	84.06	铁路运输		1
深圳	MFD100803000800	福建	福州	福州	40	40	2.356	450	公路快运		1
	MFD100803000463	四川	成都	成都	1	1	0.002	0.7075	航空运输		1
上海	FFD100806000677	安徽	合肥	合肥	4	2	0.0424	9.44	公路专线		1
北京	BFD100801000029	浙江	杭州	杭州	80	5	0.356	72.5	公路专线		1
	FFD100802002387	四川	成都	成都	1	1	0.01955	3.86	公路专线		1
上海	FFD100803001195	浙江	余杭	杭州	576	394	20.8316	3086.072	公路专线		1
	FFD100805000700	安徽	合肥	合肥	20	20	1.227	168.2	公路专线		1
	FFD100805002330	甘肃	兰州	兰州	20	10	0.604	82.4	铁路运输		1
	FFD100805003084	江苏	无锡	南京	1	1	0.0166	3.42	公路专线		2
深圳	MFD100804000404	四川	成都	成都	1	1	0.002	0.7075	航空运输		1
北京	BFD100803004074	内蒙古	鄂尔多斯	呼和浩特	9	9	0.51938	79.254	公路专线		1
上海	FFD100809002684	湖北	武汉	武汉	240	84	3.363	586.44	公路专线		1
	FFD100809006204	北京	北京	北京	8	3	0.1192	20.288	公路专线		1

图 4-1　不规范的数据表

A	B	C	D	E	F	G	H	I	J	K	L
发货平台	发货单号	省份	城市	配送中心	商品数量	包装数量	体积	重量	运输方式	付费类型	是否门到门
上海	FFD100806	上海	上海	上海	15	11	0.622	82.105	公路专线	卖方付费	3
上海	FFD100809	上海	上海	上海	96	96	5.8896	828.48	公路专线	卖方付费	3
深圳	MFD100809	上海	浦东	上海	2	2	0.02229	3.498	航空运输	卖方付费	1
上海	FFD100808	湖北	武汉	武汉	180	80	3.1446	549.792	铁路运输	卖方付费	1
上海	FFD100808	湖北	武汉	武汉	40	11	0.41	84.06	铁路运输	卖方付费	1
深圳	MFD100803	福建	福州	福州	40	40	2.356	450	公路快运	卖方付费	1
深圳	MFD100803	四川	成都	成都	1	1	0.002	0.7075	航空运输	卖方付费	1
上海	FFD100806	安徽	合肥	合肥	4	2	0.0424	9.44	公路专线	卖方付费	1
北京	BFD100801	浙江	杭州	杭州	80	5	0.356	72.5	公路专线	卖方付费	1
上海	FFD100802	四川	成都	成都	1	1	0.01955	3.86	公路专线	卖方付费	1
上海	FFD100803	浙江	余杭	杭州	576	394	20.8316	3086.072	公路专线	卖方付费	1
上海	FFD100805	安徽	合肥	合肥	20	20	1.227	168.2	公路专线	卖方付费	1
上海	FFD100805	甘肃	兰州	兰州	20	10	0.604	82.4	铁路运输	卖方付费	1
上海	FFD100805	江苏	无锡	南京	1	1	0.0166	3.42	公路专线	卖方付费	2
深圳	MFD100804	四川	成都	成都	1	1	0.002	0.7075	航空运输	卖方付费	1
北京	BFD100803	内蒙古	鄂尔多斯	呼和浩特	9	9	0.51938	79.254	公路专线	卖方付费	1
上海	FFD100809	湖北	武汉	武汉	240	84	3.363	586.44	公路专线	卖方付费	1
上海	FFD100809	北京	北京	北京	8	3	0.1192	20.288	公路专线	卖方付费	1

图 4-2　规范的数据表

4.2　数据的获取

　　数据获取又被称为数据收集，是指根据数据分析的需求获取相关原始数据的过程。获取数据后，就可以进入数据预处理阶段。数据获取是获取原始数据的过程，而原始数据的来源是多元的。利用 Power BI 中的 Power Query 组件，可以轻松连接到单个数据源（如 Excel 文件），又可以连接到多个不同类型的数据库、数据源或服务，掌握 Power BI 连接不同数据源的方法是 Power BI 数据分析的第一步。

4.2.1　从文件导入数据

　　Power BI 可以获取的文件包括 Excel、CSV、XML、JSON 等。比较常见的文件是 CSV 文件和 Excel 文件。CSV 文件是字符分隔值文件，酷似 Excel 表格，但是其文件以纯文本形式存储数据（数字和文本）。CSV 文件由任意数目的记录组成，记录间以某种换行符分隔（常见的是用逗号分隔），CSV 文件常见于电商或 ERP 系统后台导出的文件。在实际工作中，商务数据往往以 Excel 的格式保存，下面介绍 Excel 格式文件的获取方法。操作步骤如下：

　　步骤 1：在"主页"选项卡的"获取数据"下拉菜单中，选择"Excel"选项，如图 4-3 所示。

　　步骤 2：在本地计算机中找到"发货汇总表 .xlsx"文件并选中，单击"打开"按钮，弹出"导航器"对话框，选中"显示选项"选项组中的"汇总表"复选框，如图 4-4 所示。

图 4-3　Excel 选项

　　步骤 3：若单击"加载"按钮，数据将直接加载到

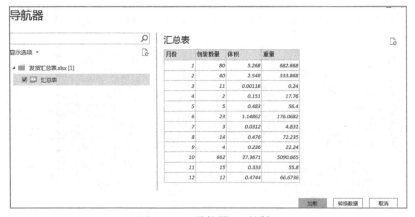

图 4-4　"导航器"对话框

Power BI Desktop 中。切换回报表视图，在"字段"窗格中会出现"汇总表"，如图 4-5 所示；若单击"转换数据"按钮，则进入 Power Query 界面，如图 4-6 所示。在该界面可对数据进行清洗，使数据规范化，再单击"关闭并应用"按钮，将数据加载到 Power BI Desktop 中。

图 4-5　"加载"按钮

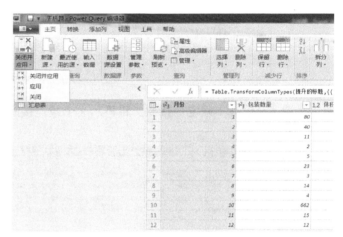

图 4-6　单击"转换数据"按钮，进入 Power Query 界面

4.2.2　从文件夹导入数据

在实际工作中，经常需要汇总一些业务或财务数据，这些数据往往以总部下发的模板表格为准，各子公司或分支机构填写后，由总部进行汇总分析。这种情况下，可以采取从文件夹导入数据的方式。具体操作步骤如下：

步骤 1：在"主页"选项卡的"获取数据"下拉菜单中，选择"全部"，在弹出的对话框中，选择"文件夹"，如图 4-7 所示。

步骤 2：单击"连接"按钮，在弹出的"文件夹"对话框中再单击"浏览"按钮，选择本地计算机中目标文件的位置，如图 4-8所示。

图 4-7　从文件夹导入数据

图 4-8　连接目标文件夹

步骤 3：单击"确定"按钮，将显示 3 个被连接的 Excel 文件，如图 4-9 所示。

D:\power bi课程\机械工业出版社\出版写书\第四章素材\分公司销售表

Content	Name	Extension	Date accessed	Date modified	Date created	Attributes	Folder Pat
Binary	A分公司销售明细表.xlsx	.xlsx	2021-11-12 0:53:57	2021-06-06 7:49:42	2021-11-12 0:53:57	Record	D:\power bi课程\机械工业出版
Binary	B分公司销售明细表.xlsx	.xlsx	2021-11-12 0:53:57	2021-06-06 7:50:07	2021-11-12 0:53:57	Record	D:\power bi课程\机械工业出版
Binary	C分公司销售明细表.xlsx	.xlsx	2021-11-12 0:53:57	2021-06-06 7:50:30	2021-11-12 0:53:57	Record	D:\power bi课程\机械工业出版

组合▼　　加载　　转换数据　　取消
合并并转换数据
合并和加载

图 4-9　3 个被连接的 Excel 文件

步骤 4：单击"组合"按钮下的"合并并转换数据"按钮，将 3 个文件合并，进入 Power Query 对数据进行整理，也可以单击"组合"按钮下的"合并和加载"按钮，将 3 个文件合并并加载到 Power BI Desktop 中，最终结果如图 4-10 所示。

Tips小贴士

合并文件夹有个前提条件，即文件夹中的数据需要是同一结构类型的文件，文件夹中的字段名称、数据类型等必须一样，对文件个数没有限制。在本案例中，每个 Sheet 页的名称应是一致的，都是"Sheet1"。

Source.Name	月份	数量	体积	重量
1	A分公司销售明细表.xlsx	1	23	0.622	82.105
2	A分公司销售明细表.xlsx	2	96	5.8896	828.48
3	A分公司销售明细表.xlsx	3	12	0.02229	3.498
4	A分公司销售明细表.xlsx	4	120	6.628	876.402
5	A分公司销售明细表.xlsx	5	80	3.1446	549.792
6	A分公司销售明细表.xlsx	6	20	1.232	194.2
7	A分公司销售明细表.xlsx	7	11	0.41	84.06
8	A分公司销售明细表.xlsx	8	40	2.356	450
9	A分公司销售明细表.xlsx	9	22	3.002	0.7075
10	A分公司销售明细表.xlsx	10	8	0.0474	9.44
11	A分公司销售明细表.xlsx	11	5	0.356	72.5
12	A分公司销售明细表.xlsx	12	4	0.075	9.7
13	B分公司销售明细表.xlsx	1	15	0.54	114.6
14	B分公司销售明细表.xlsx	2	20	1.8	278
15	B分公司销售明细表.xlsx	3	1	0.097	11.2
16	B分公司销售明细表.xlsx	4	10	0.76545	91.8
17	B分公司销售明细表.xlsx	5	2	0.0318	7.08
18	B分公司销售明细表.xlsx	6	56	2.2753	411.62
19	B分公司销售明细表.xlsx	7	1	0.0637	8.5
20	B分公司销售明细表.xlsx	8	10	0.6197	85.3
21	B分公司销售明细表.xlsx	9	3	0.098	16

图 4-10 合并文件夹后的结果

4.2.3 从数据库导入数据

Power BI 可以获取市面上主流的关系型数据库如 Access、SQL Server、MySQL、Oracle、SAP 等数据库的数据。从数据库中获取数据相对较复杂，主要原因是在连接数据库时，需要填写数据库的服务器名称、数据库名称和凭据等认证信息。Power BI 连接数据库的步骤如下：

步骤 1：在"主页"选项卡的"获取数据"下拉菜单中，选择"全部"，可以连接诸如 SQL Server、Access、MySQL 等各种主流数据库，如图 4-11 所示。如要连接 SQL Server 数据库，选择"SQL Server 数据库"选项，依次输入 SQL Server 服务器地址和名称，数据连接模式可以选择"导入"模式或者"Direct Query"模式，如图 4-12 所示。

图 4-11 连接数据库

SQL Server **数据库**

服务器 ⓘ

server18

数据库(可选)

数据连接模式 ⓘ

⦿ 导入
○ DirectQuery

> 高级选项

确定   取消

图 4-12 设置服务器和数据库的名称

步骤 2：在图 4-13 所示的对话框中，设置数据库的访问方式，可以使用 Windows 凭证、数据库登录用户名和密码、Microsoft 帐户几种方式，用户根据实际情况设置后，单击"连接"按钮连接相应数据库。如果连接成功，则会打开"导航器"对话框，在左侧选择要从中获取数据的数据库的复选框，右侧会显示数据库中的数据预览界面。单击"编辑"，将在 Power Query 中打开所选择的数据库中的数据。

图 4-13　设置数据库的访问方式

步骤 3：因 SQL Server 数据库是微软的产品，通过 Power BI 连接访问相对简便，但是若要导入其他非厂商的数据库，例如 MySQL 数据库，需要先到 MySQL 官网下载相应版本的 Connet/Net 驱动程序并进行安装；如要导入 Oracle 数据库，必须安装 Oracle 客户端；若要导入 SAP HANA 数据库，必须先要在本地客户端计算机上安装 SAP HANA ODBC 驱动程序，可从 SAP 官网软件下载中心下载此驱动程序；如要导入 SAP BW（Business WareHouse）数据库，必须先要在本地计算机上安装 SAP NetWeaver 库，同样可从 SAP 官网软件下载中心下载 SAP NetWeaver 库。

4.2.4　从 Web 导入数据

Power BI Desktop 提供了连接 Web 数据的功能，可以轻松获取网页中的数据。例如，在 Web 上获取"NBA 季后赛得分榜"相关表格数据，操作步骤如下：

学习视频 04

步骤 1：在百度上搜索关键词"NBA 季后赛得分榜"，排名第一的是百度百科数据，如图 4-14 所示，此数据即为 Power BI 要抓取的表格数据。

步骤 2：打开 Power BI Desktop，在"主页"选项卡的"获取数据"选项的下拉菜单中，选择"Web"选项，如图 4-15 所示。

步骤 3：弹出输入 Web 地址的对话框，选中"基本"选项，在"URL"文本框中粘贴网址，单击"确定"按钮，如图 4-16 所示。

▍榜单排名

排名	名字	得分
1	勒布朗·詹姆斯	7532
2	迈克尔·乔丹	5987
3	卡里姆·阿布杜尔-贾巴尔	5762
4	科比·布莱恩特	5640
5	沙奎尔·奥尼尔	5250
6	蒂姆·邓肯	5172
7	卡尔·马龙	4761
8	杰里·韦斯特	4457
9	凯文·杜兰特	4101
10	托尼·帕克	4045
11	德怀恩·韦德	3954
12	拉里·伯德	3897
13	约翰·哈夫利切克	3776
14	哈基姆·奥拉朱旺	3755

图 4-14   Web 页面上的数据

图 4-15   选择 "Web" 选项

图 4-16   复制粘贴 URL 网址

步骤 4：弹出 "访问 Web 内容" 对话框，其他内容保持默认，单击 "连接" 按钮，如图 4-17所示。

图 4-17   "访问 Web 内容" 对话框

步骤 5：在弹出的 "导航器" 对话框中，选中 "表1"，单击 "加载" 按钮，数据就直接进入了数据建模界面，单击 "转换数据" 按钮，进入 Power Query 查询编辑器界面，如图4-18 所示。

图 4-18　加载或编辑 Web 数据

4.2.5　从其他数据源导入数据

Power BI 几乎可以访问所有各类主流或非主流的数据文件及数据库，包括一些大数据系统，例如 MongoDB（文档型开源数据库）、Spark、Hadoop（分布式文件系统）、R 脚本、Python脚本等各种数据源，如图 4-19 所示。

图 4-19　从其他数据源获取数据

4.2.6　设置数据源路径

Power BI 获取数据后，当单击"转换数据"进入 Power Query（查询编辑器）界面刷新数据时，经常出现图 4-20 所示的报错提示。原因在于数据源文件绝对路径发生了变化，即数据源的名称或位置发生了改变（例如，把源文件从 D 盘移动到 E 盘），此时，就需要重新设定数据源。

图 4-20　刷新错误提示

解决办法是重新设定数据源，通过单击右边的"转到错误"按钮，重新设定数据源路径，如图 4-20 所示。此外，还可以通过查询编辑器或者 Power BI Desktop 视图重新设置，操作步骤如下：

步骤 1：打开查询编辑器，在功能区"主页"选项卡下"数据源"菜单中单击"数据源设置"，如图 4-21 所示。或者打开 Power BI Desktop 视图，在功能区"主页"选项卡下"转换数据"菜单中单击"数据源设置"选项，如图 4-22 所示。

图 4-21　查询编辑器中重新设定数据源

步骤 2：单击"更改源"，弹出图 4-23 所示的对话框，单击"浏览"按钮，在对话框中选择所需的数据源即可重新设定数据源。

图 4-22　视图中重新设定数据源

图 4-23　"Excel" 对话框

Tips小贴士

　　如果数据源的内容发生了变化，可以通过"主页"选项卡下的"刷新"选项对数据进行刷新、在查询编辑器和 Power BI Desktop 中均可刷新。刷新数据时需要注意，如果更改了数据源中的标题，同时 Power BI Desktop 中获取的数据也使用了相同的标题，那么在刷新数据时会失败。因此，在刷新数据时，需要确保原有数据源的数据结构未发生变化，即数据源的文件名、文件位置、字段数量和字段名称未发生更改，只是行数或行记录有更新，这种情况下数据刷新才会成功。

4.3　数据的清洗

数据清洗，即是数据整理，是对从各类数据源导入的数据，通过一定的方法进行处理（如数据的增删改、转换、逆透视、合并等），整理成符合要求的数据，然后加载到数据模型中，进行数据可视化。在 Power BI 中，一般通过 Power Query（查询编辑器）对数据进行整理和清洗，以满足数据建模及可视化分析的需要。

4.3.1　认识 Power Query 和 M 语言

Power Query 是 Power BI 自带的三大组件之一，通过 Power Query 可以连接到一个或多个数据源，并且可以对数据进行各种处理，然后将数据加载到 Power BI 中。

当 Power BI Desktop 导入数据表后，执行"主页"→"转换数据"命令，即打开了"查询编辑器"，如图 4-24 所示。

图 4-24　"查询编辑器"界面

当没有连接到任何数据源时，Power Query 是灰色空白的，如图 4-25 所示，当连接到数据后，Power Query 显示的最重要的内容是"菜单栏"选项。

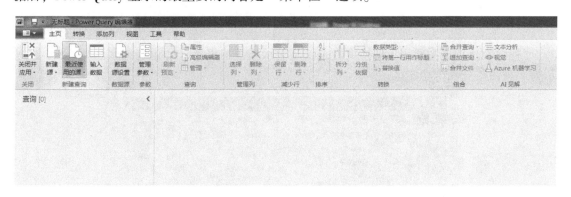

图 4-25　没有连接任何数据的"查询编辑器"界面

1. Power Query "菜单栏"

包含"主页""转换""添加列""视图""工具""帮助"等菜单项。"主页"选项卡主要包含对数据进行各种整理和清洗的核心功能，如图 4-26 所示。

图 4-26 "主页"选项卡功能区

"转换"选项卡主要用于对数据进行转换，比较重要的功能有：行列的提取、分组依据、拆分、透视与逆透视等。"转换"选项卡如图 4-27 所示。

图 4-27 "转换"选项卡功能区

"添加列"选项卡主要用于各种形式的添加列的操作，如添加自定义列、添加条件列、添加索引列、添加重复列，并对列进行数据分列等。图 4-28 所示为"添加列"选项卡功能区。

图 4-28 "添加列"选项卡功能区

"视图"选项卡主要用于切换窗格，以及显示高级编辑器（M 语言编辑区），图 4-29 所示为"视图"选项卡功能区。

图 4-29 "视图"选项卡功能区

"工具"选项卡主要用于对错误操作的智能检测，如图 4-30 所示；"帮助"选项卡主要用于为用户使用 Power BI 提供相关的社区学习视频和资料，如图 4-31 所示。

图 4-30　"工具"选项卡功能区　　　　　　图 4-31　"帮助"选项卡功能区

2. M 语言

M 语言全称为 Power Query Formula Language，是查询编辑器的查询语言，适用 Excel 以及 Power BI Desktop 中的 Power Query。

M 语言是 Power Query 专用的语言，M 语言目前所具备的几百个函数，可完成对导入前的数据进行导入、组合、转换、筛选、加工处理等工作。同时，Power Query 中进行的每一步操作，后台都会记录下来并生成 M 语言代码。单击"转换数据"，进入查询编辑器界面，在"主页"选项卡下选择"高级编辑器"，可查看自动生成的 M 语言代码，如图 4-32 所示。

图 4-32　查看自动生成的 M 语言代码

从 2019 年开始，微软加大了对 Power BI 产品的更新力度，几乎每个月都会对 Power BI 的功能进行更新，Power Query 的界面菜单栏功能越来越完善和强大，通过 Power Query 的界面操作就能发挥大部分功能并解决实际问题，余下处理不了的任务（如数据清洗），可以直接在高级编辑器中编写 M 语言代码完成。M 语言的函数非常庞大（目前有几百个，还在持续更新增加），且相对复杂。对于初学者来说，日常工作中大部分的数据清洗任务，都可以通过 Power Query 提供的现有功能完成而无须使用 M 语言。

Tips小贴士

随着微软对 Power BI 版本的持续更新，Power BI 的界面和功能在每个月都会有一些变化，但是大部分功能变大不大，有的只是换了个名字。例如，2020 年之前的 Power Query 入口叫"编辑查询"，2020 年后，名字就变成了"转换数据"，仅仅是换了名字而已。因此，Power BI 版本的不同，并不影响读者的日常正常学习，也不建议读者频繁地更新升级软件版本。

4.3.2　数据行列的增删、填充与替换

数据的行列操作，主要是行和列的增加、删除、移动、填充和替换，保留符合要求的数据，并上载到数据模型中进行数据可视化。

1. 数据的行操作

Power Query 中行操作主要包括保留行和删除行，分别如图 4-33 和图 4-34 所示。两者操作思路类似，操作结果相反，实际工作中，删除行的操作较为频繁，其含义如表 4-1 所示。

学习视频 05

图 4-33　保留行

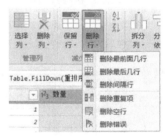

图 4-34　删除行

表 4-1　删除行的操作含义

操　　作	含　　义
删除最前面几行	删除表中的前 N 行
删除最后几行	删除表中的后 N 行
删除间隔行	删除表中从特定行开始固定间隔的行
删除重复项	删除当前选定列中包含重复值的行
删除空行	从表中删除所有空行
删除错误	删除当前选定列中包含错误（error）的行

【案例实操4-1】　打开第4章\各国GDP数据.xlsx，删除表中不需要的行，并将删除行后的表格首行提升为列标题；同时，从表中删除2019年的空行。

步骤1：导入数据后，单击"转换数据"，进入Power Query，执行"主页"→"删除行"→"删除最前面几行"命令，如图4-35所示。

步骤2：在弹出的对话框中，输入要删除的行数2，如图4-36所示。

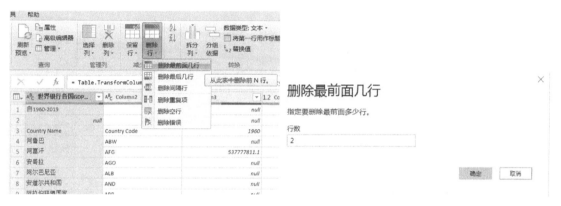

图4-35　"删除最前面几行"命令　　　　　图4-36　输入要删除的行数

步骤3：因源数据中标题行并未放置在数据表的第一行，因此会出现第一行不是标题的情况，执行"主页"→"将第一行用作标题"命令，结果如图4-37所示。

步骤4：删除2019年列中空行，选中2019年的列，单击筛选箭头，选择"删除空"命令或者去掉勾选"null"，如图4-38所示。

图4-37　将第一行用作标题　　　　　　　图4-38　删除空行

【案例实操 4-2】　删除表中的重复项。删除重复项在实际工作中使用较为频繁，通过删重，可以巧妙地筛选出表中的最大值。打开案例数据 \ 第 4 章 \ 客户销售明细表.xlsx。删除重复的客户名称，并保留客户的最大订单销售额。实现步骤如下：

步骤 1：导入客户销售明细表.xlsx 后，单击"转换数据"选项，进入 Power Query，单击客户名称、销售额字段后的 ▾ 按钮，将客户名称字段升序排列，将销售额字段降序排列，如图 4-39 所示。

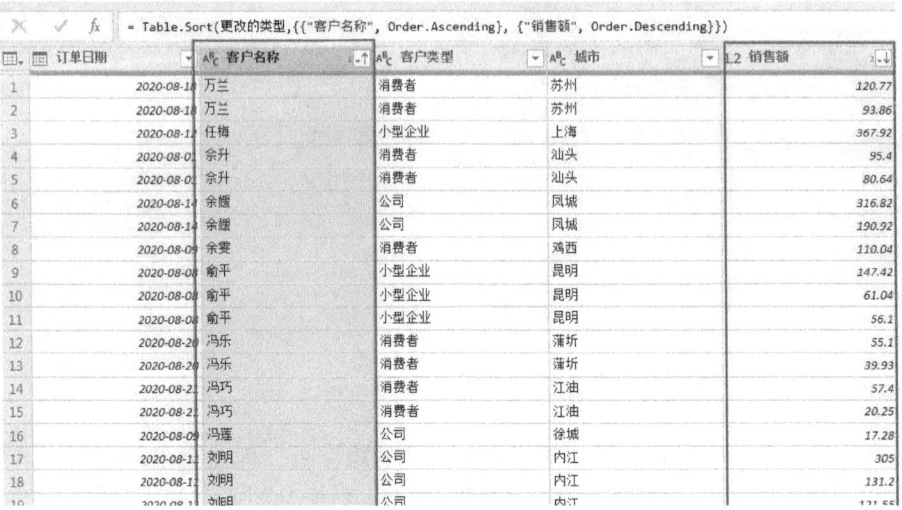

图 4-39　将字段排序

步骤 2：选中"客户名称"列，再选择"主页"→"删除行"→"删除重复项"命令，即可得到每个客户的最大销售额数据，结果如图 4-40 所示。

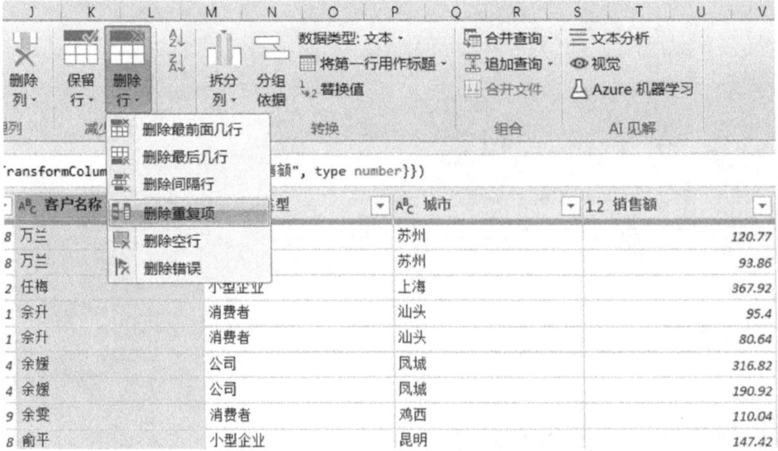

图 4-40　删除重复项

2. 数据的列操作

数据的列操作，主要是选择列和删除列。选择单列可以通过鼠标直接选中，选择多列，可以按住〈Ctrl〉键，再用鼠标选择；如果要移动某列的位置，可以直接用鼠标选中该列，将其拖动到理想位置即可；删除列可以删除选中的列或删除选中列以外的列，操作相对简单，在此不再举例。数据的列操作的界面入口如图 4-41 所示。

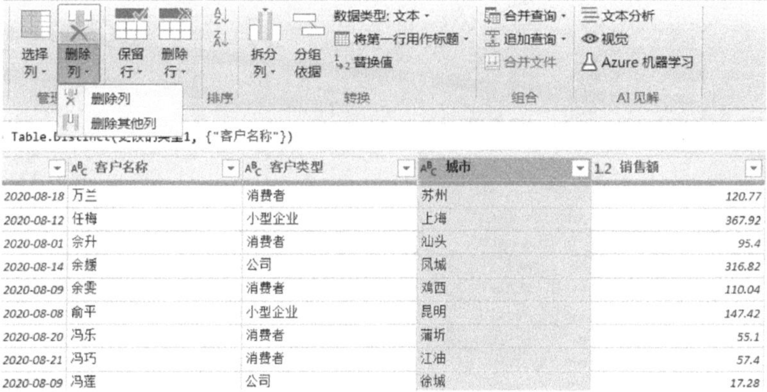

图 4-41　选择列和删除列

3. 数据的填充

因为归类的需要，原始表格经常会有合并的单元格，数据导入到 Power BI Desktop 后，就会出现大量 null 的情况，不利于后续的数据建模分析，此时可以通过数据的自动向下填充功能完美解决。

【案例实操 4-3】

打开案例数据\第 4 章\数据的填充.xlsx。可以看到，由于"店铺"列为合并单元格，如图 4-42 所示。在导入数据后，会出现大量空白行，不利于数据分析，需要加以优化。

步骤 1：导入数据后，单击"转换数据"，进入 Power Query 编辑查询器界面，可以看到出现较多的空值 null，如

图 4-42　存在合并单元格情况

图 4-43 所示。

	店铺	销售单编号	员工工号	销售员	销量	业绩金额
1	武汉吴山广场店	D001F001-2017-05-01-001	PP0048	王三	1	2
2	null	D001F001-2017-05-01-002	PP0048	王三	2	35
3	null	D001F001-2017-05-01-003	PP0048	王三	1	1.
4	null	D001F001-2017-05-01-004	PP0049	李凯	2	2(
5	null	D001F001-2017-05-01-005	PP0048	王三	2	25
6	null	D001F001-2017-05-01-006	PP0048	王三	3	4:
7	null	D001F001-2017-05-01-007	PP0048	王三	3	
8	null	D001F001-2017-05-01-008	PP0048	王三	2	4(
9	null	D001F001-2017-05-01-009	PP0048	王三	1	
10	null	D001F001-2017-05-01-010	PP0048	王三	1	11
11	null	D001F001-2017-05-01-011	PP0048	王三	1	
12	null	D001F001-2017-05-01-012	PP0048	王三	1	٤
13	null	D001F001-2017-05-01-013	PP0048	王三	1	15
14	null	D001F001-2017-05-01-014	PP0048	王三	1	
15	null	D001F001-2017-05-01-015	PP0048	王三	1	38
16	null	D001F001-2017-05-01-016	PP0048	王三	1	38
17	null	D001F001-2017-05-01-017	PP0048	王三	3	
18	null	D001F001-2017-05-01-018	PP0049	李凯	1	25
19	null	D001F001-2017-05-01-019	PP0049	李凯	1	2(
20	null	D001F001-2017-05-01-020	PP0049	李凯	1	
21	null	D001F001-2017-05-01-021	PP0049	李凯	1	3:

图 4-43　因合并单元格而存在较多 null

步骤 2：现在需要将 null 自动填充为上一行文本，鼠标选中字段"店铺"列，选择菜单栏"转换"→"填充"→"向下"命令，如图 4-44 所示。即可将 null 自动填充为上一行文本，最终结果如图 4-45 所示。

图 4-44　向下填充

4. 数据的替换

利用 Power Query 中的替换功能，可以高效快速地批量修改特定的值。要将图 4-46 所示的"销售单编号"列中的"－"改为"/"，操作步骤如下。

= Table.SelectRows(向下填充, each true)

店铺	销售单编号	员工工号	销售员
1	武汉吴山广场店	D001F001-2017-05-01-001	PP0048	王三
2	武汉吴山广场店	D001F001-2017-05-01-002	PP0048	王三
3	武汉吴山广场店	D001F001-2017-05-01-003	PP0048	王三
4	武汉吴山广场店	D001F001-2017-05-01-004	PP0049	李凯
5	武汉吴山广场店	D001F001-2017-05-01-005	PP0048	王三
6	武汉吴山广场店	D001F001-2017-05-01-006	PP0048	王三
7	武汉吴山广场店	D001F001-2017-05-01-007	PP0048	王三
8	武汉吴山广场店	D001F001-2017-05-01-008	PP0048	王三
9	武汉吴山广场店	D001F001-2017-05-01-009	PP0048	王三
10	武汉吴山广场店	D001F001-2017-05-01-010	PP0048	王三
11	武汉吴山广场店	D001F001-2017-05-01-011	PP0048	王三
12	武汉吴山广场店	D001F001-2017-05-01-012	PP0048	王三
13	武汉吴山广场店	D001F001-2017-05-01-013	PP0048	王三
14	武汉吴山广场店	D001F001-2017-05-01-014	PP0048	王三
15	武汉吴山广场店	D001F001-2017-05-01-015	PP0048	王三
16	武汉吴山广场店	D001F001-2017-05-01-016	PP0048	王三
17	武汉吴山广场店	D001F001-2017-05-01-017	PP0048	王三
18	武汉吴山广场店	D001F001-2017-05-01-018	PP0049	李凯

图 4-45　填充后的结果

= Table.SelectRows(向下填充, each true)

店铺	销售单编号	员工工号	销售员
1	武汉吴山广场店	D001F001-2017-05-01-001	PP0048	王三
2	武汉吴山广场店	D001F001-2017-05-01-002	PP0048	王三
3	武汉吴山广场店	D001F001-2017-05-01-003	PP0048	王三
4	武汉吴山广场店	D001F001-2017-05-01-004	PP0049	李凯
5	武汉吴山广场店	D001F001-2017-05-01-005	PP0048	王三
6	武汉吴山广场店	D001F001-2017-05-01-006	PP0048	王三
7	武汉吴山广场店	D001F001-2017-05-01-007	PP0048	王三
8	武汉吴山广场店	D001F001-2017-05-01-008	PP0048	王三
9	武汉吴山广场店	D001F001-2017-05-01-009	PP0048	王三
10	武汉吴山广场店	D001F001-2017-05-01-010	PP0048	王三
11	武汉吴山广场店	D001F001-2017-05-01-011	PP0048	王三
12	武汉吴山广场店	D001F001-2017-05-01-012	PP0048	王三
13	武汉吴山广场店	D001F001-2017-05-01-013	PP0048	王三
14	武汉吴山广场店	D001F001-2017-05-01-014	PP0048	王三
15	武汉吴山广场店	D001F001-2017-05-01-015	PP0048	王三

图 4-46　替换前的数据

步骤 1：选中字段"销售单编号"列，鼠标右击，在弹出的快捷菜单中选择"替换值"命令，或者在菜单栏选择"转换"→"替换值"命令，如图 4-47 所示。

图 4-47　选择"替换值"命令

步骤2：打开"替换值"对话框，在"要查找的值"文本框中输入"－"，在"替换为"文本框中输入"/"，如图 4-48 所示。

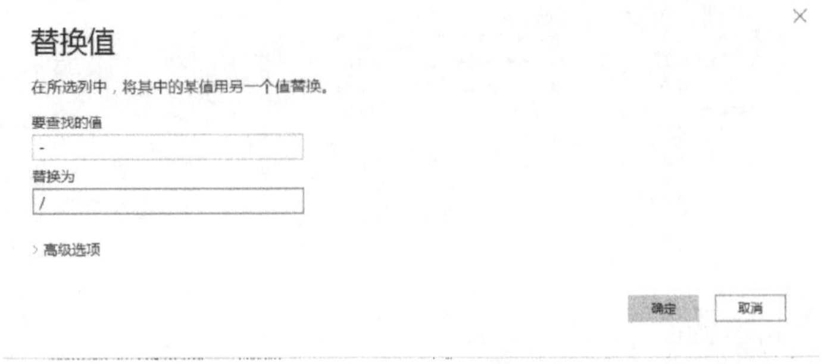

图 4-48　设置替换值

步骤3：单击"确定"按钮，"销售单编号"列中的"－"全部替换为了"/"，结果如图 4-49 所示。

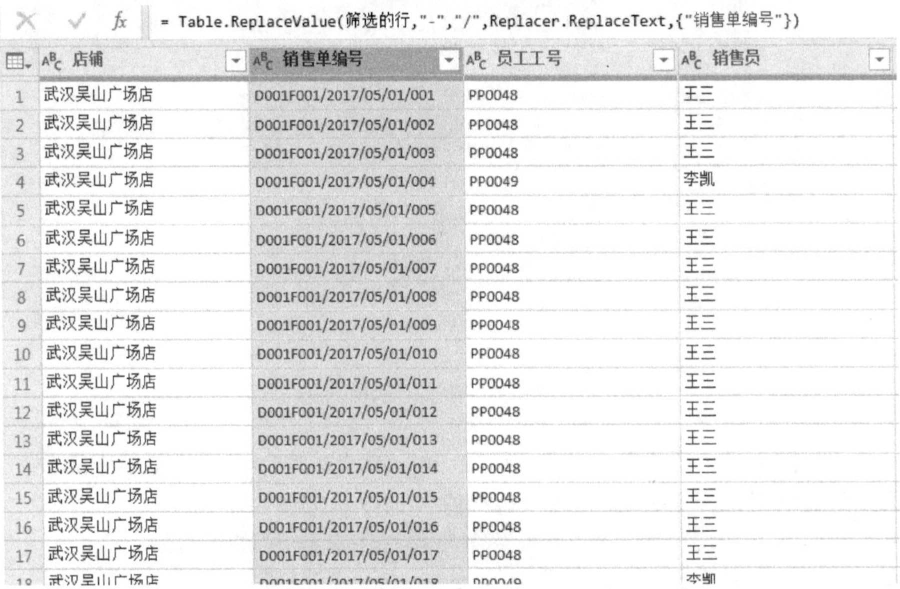

图 4-49　替换后的结果

4.3.3　数据行列的转换

1. 数据的转置

数据行列的转换，是将行变成列，列变成行，即数据的转置。图 4-50 所示为行、列转置后的效果。

項目	1月	2月	3月	4月	5月
1 发货量	22120	21000	3325	3045	31000
2 运费	1106	1050	166.25	152.25	1550

項目	发货量	运费
1	22120	1106
2	21000	1050
3	3325	166.25
4	3045	152.25
5	31000	1550
6	45000	2250
7	49800	2490
8	43780	2189
9	58700	2935
10	58900	2945
11	45000	2250
12	35600	1780

图 4-50　转置的前后效果

【案例实操 4-4】　打开案例数据 \ 第 4 章 \ 某公司月度发货表 . xlsx，导入到 Power BI Desktop，单击“转换数据”选项，进入 Power Query 查询编辑器界面，使用转置功能对调行、列的位置。操作步骤如下：

步骤 1：在 Power Query 查询编辑器界面，选择“转换”→“转置”命令，并且选中第一列，如图 4-51 所示。

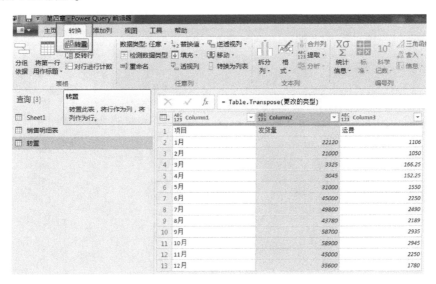

图 4-51　单击“转置”命令

步骤 2：单击“主页”选项卡，再单击“将第一行用作标题”命令完成转换，如图 4-52 所示，最终结果如图 4-53 所示。

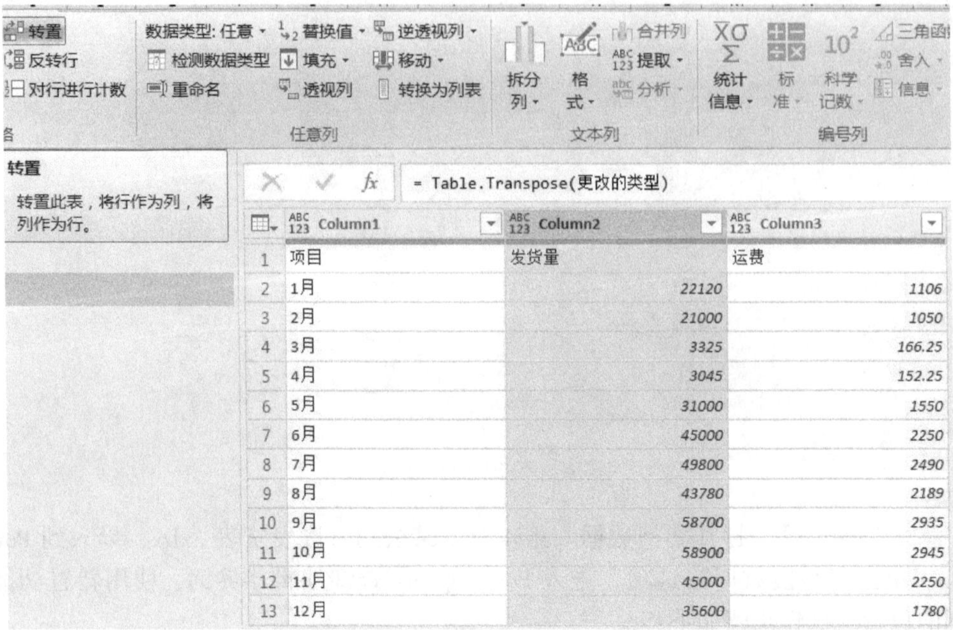

	Column1	Column2	Column3
1	项目	发货量	运费
2	1月	22120	1106
3	2月	21000	1050
4	3月	3325	166.25
5	4月	3045	152.25
6	5月	31000	1550
7	6月	45000	2250
8	7月	49800	2490
9	8月	43780	2189
10	9月	58700	2935
11	10月	58900	2945
12	11月	45000	2250
13	12月	35600	1780

图 4-52　单击“将第一行用作标题”命令

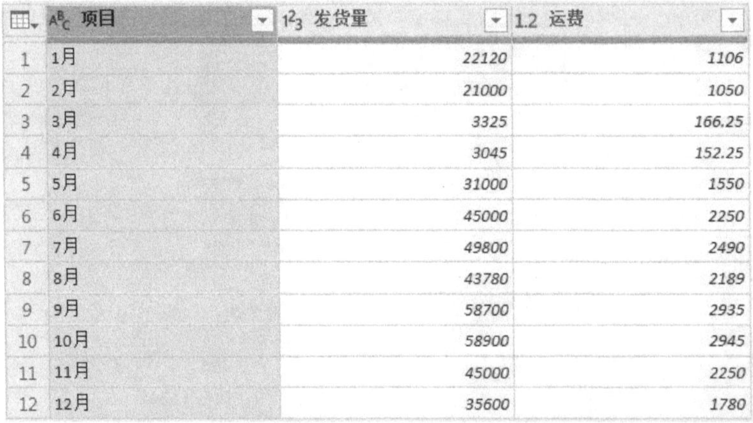

	项目	发货量	运费
1	1月	22120	1106
2	2月	21000	1050
3	3月	3325	166.25
4	4月	3045	152.25
5	5月	31000	1550
6	6月	45000	2250
7	7月	49800	2490
8	8月	43780	2189
9	9月	58700	2935
10	10月	58900	2945
11	11月	45000	2250
12	12月	35600	1780

图 4-53　最终结果

2. 数据的反转

“反转行”功能是将行的顺序颠倒，使得数据区域中的各行数据按照倒序显示，将最后一行变成第一行，将倒数第二行变成第二行，以此类推。操作方法是在“转换”功能区下选择“反转行”按钮（见图 4-54）将月份倒序显示，最终结果如图 4-55 所示。

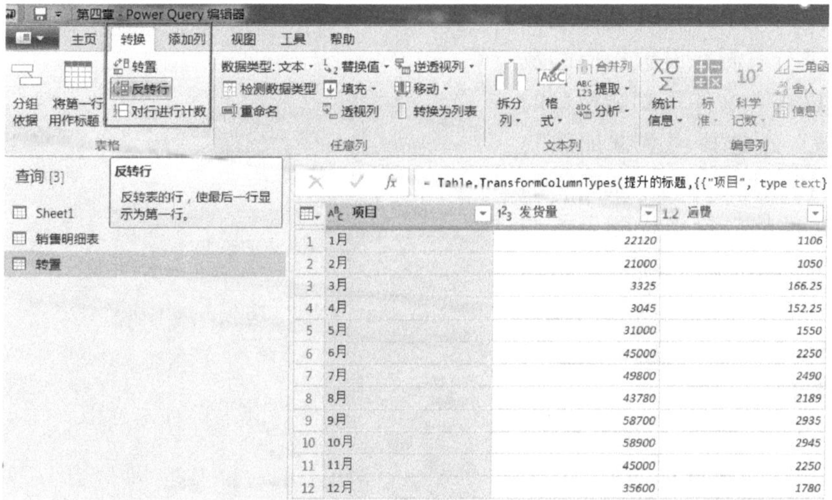

图 4-54　"反转行"功能

图 4-55　反转后的结果

4.3.4　数据类型的转换

Power BI 在进行数据分析时，会用函数进行度量计算，能否进行计算是与该数据所属类型有关。Power BI 处理数据的逻辑是列式处理，所以要求每一列的数据类型都必须真实反映数据的情况。Power BI 的数据类型包括数值型、日期型、文本型、任意型等。因此，当数据被加载到 Power BI 进行数据建模之前，需要在 Power Query 查询编辑器中确认当下的数据类型与源表相比是否发生了变化。常见的案例是，在源数据表中编号字段属于数值型，导入Power BI 后，要将其转化为文本型数据；在源数据表中年份字段是文本型"2022 年"，导入Power BI 中会自动转换为日期型"2022 年 1 月 1 日"，为了分析的需要，需要将其再转化为文本型。

默认情况下，Power BI 会自动对加载的数据进行检测并设置相应的数据类型。可以在"文件"功能窗口的"选项和设置"下选择"数据加载"，通过是否选中"类型检测"选项下的"根据每个文件的设置来检测未结构化源的列类型和标题"项，来控制 Power BI 是否在数据加载时自动设置数据类型，如图 4-56 所示。这也是 Power BI 的智能识别功能。

但是，智能识别并非 100% 准确，除了自动检测匹配数据类型外，Power Query 查询编辑器还提供了两种手动方法更改数据类型。一种是选择需要进行修改的列，在"主页"或"转换"导航栏中单击"数据类型"选项，如图 4-57 所示。另一种方法

图 4-56　设置自动检测数据类型

是选中要修改的列，鼠标右击，选择要更改的数据类型即可，如图 4-58 所示。

图 4-57　"主页"或"转换"选项卡下设置数据类型　　　图 4-58　鼠标右击后设置数据类型

【案例实操 4-5】　将导入后的源数据表中的月份字段恢复成源表中的文本型数据（源表中的月份字段如图 4-59 所示）。操作步骤如下：

步骤 1：打开 Power BI Desktop，导入第四章案例素材 \ 2021 年各月发货明细表 . xlsx，

单击"转换数据",进入 Power Query 查询编辑器,可以看到月份变成了日期型,显然不是所需要的数据类型,如图 4-60 所示。

	月份	发货量	运费
1	2021-01-01	22120	1106
2	2021-02-01	21000	1050
3	2021-03-01	3325	166.25
4	2021-04-01	3045	152.25
5	2021-05-01	31000	1550
6	2021-06-01	45000	2250
7	2021-07-01	49800	2490
8	2021-08-01	43780	2189
9	2021-09-01	58700	2935
10	2021-10-01	58900	2945
11	2021-11-01	45000	2250
12	2021-12-01	35600	1780

	A	B	C
1	月份	发货量	运费
2	1月	22120	1106
3	2月	21000	1050
4	3月	3325	166.25
5	4月	3045	152.25
6	5月	31000	1550
7	6月	45000	2250
8	7月	49800	2490
9	8月	43780	2189
10	9月	58700	2935
11	10月	58900	2945
12	11月	45000	2250
13	12月	35600	1780

图 4-59　源表中的月份字段　　　　　　　　　　图 4-60　导入数据

步骤 2:选中"月份"字段,鼠标右击,选择"更改类型"→"文本"选项,如图 4-61 所示。

图 4-61　更改数据类型

步骤 3:此时会弹出"更改列类型"对话框,单击"替换当前转换"按钮更改列类型,如图 4-62 所示。更改为文本类型后的最终结果如图 4-63 所示。

更改列类型 ✕

所选列具有现有的类型转换。是否要替换现有的转换，或者保留现有
的转换并添加新转换作为一个单独的步骤?

替换当前转换　添加新步骤　取消

图 4-62　更改列类型

	月份	发货量	运费
1	1月	22120	1106
2	2月	21000	1050
3	3月	3325	166.25
4	4月	3045	152.25
5	5月	31000	1550
6	6月	45000	2250
7	7月	49800	2490
8	8月	43780	2189
9	9月	58700	2935
10	10月	58900	2945
11	11月	45000	2250
12	12月	35600	1780

图 4-63　更改为文本类型后的最终结果

4.3.5　数据格式的转换

实际工作中，很多数据来自 Excel，而 Excel 中的数据有一些是手工输入的，难免存在不规范的现象，例如，出现了合并单元格、单元格中有回车符、英文名字开头大小写不统一、中文名字前后出现空格等，在导入前应对此类数据格式加以规范处理。规范数据格式操作的入口"格式"选项如图 4-64 所示，该选项下各项操作的含义如表 4-2 所示。

图 4-64　"格式"操作入口

表 4-2　格式操作的具体含义

格式操作	具体含义
小写	将所选列中的所有字母都转成小写字母
大写	将所选列中的所有字母都转成大写字母
每个字词首字母大写	将英文名字的首字母替换成大写字母
修整	从所选列的每个单元格中删除前后空格
清除	清除所选单元格中的非打印字符（常见的是清除多行回车符）
添加前缀	向所选列中的每个值开头添加指定的字符（如编号前加 No）
添加后缀	向所选列中的每个值末尾添加指定的字符（如在每个城市后加字符“市”）

【案例实操 4-6】　打开第四章\案例素材\格式规范.xlsx，此文件中存在诸多格式不规范的地方，例如，中文名前后有空格（肉眼有时很难直接判断出）、并且中文名字中有多行回车符、出身年份英文名字首字母有的没有大写等，如图 4-65 所示。格式整理步骤如下：

	Name	First Name	Last Name	Males	B-Date
1	安静	johomn	an	男	1990
2	张勇	hanson	zhang	男	1982
3	李茜	amy	LI	女	1987
4	陈强	harry	chen	男	1978
5	王海	Wallace	HUA	男	1980

图 4-65　不规范的格式

步骤 1： 在 Power Query 查询编辑器中，执行“转换”→“格式”→“修整”及“清除”命令，即可清除中文名字中的前后空格及回车符，修整和清除后的结果如图 4-66 所示。

```
= Table.TransformColumns(去除的文本,{{"Name", Text.Clean, type text}})
```

	Name	First Name	Last Name	Males	B-Date
1	安静	Johomn	an	男	1990
2	张勇	hanson	zhang	男	1982
3	李茜	amy	LI	女	1987
4	陈强	harry	chen	男	1978
5	王海	Wallace	HUA	男	1980

图 4-66　修整和清除后的结果

步骤 2： 选中第二列和第三列，执行“转换”→“格式”→“小写”命令，即将英文名字先全部转换成小写，再执行“转换”→“格式”→“每个字词首字母大写”命令，即将英文名字首字母变成了大写，如图 4-67 所示。

	Name	First Name	Last Name	Males	B-Date
1	安静	Johomn	An	男	1990
2	张勇	Hanson	Zhang	男	1982
3	李茜	Amy	Li	女	1987
4	陈强	Harry	Chen	男	1978
5	王海	Wallace	Hua	男	1980

图 4-67　英文名字首字母统一改成大写

4.3.6 数据的拆分、提取与合并

在数据整理阶段，经常需要对数据进行拆分、合并与提取。在 Excel 中，通过字符串函数（如 MID/LEFT/RIGHT/CONCATENATE 等函数）以及数据分列功能，可以完成一定的数据拆分、提取和合并工作，不过 Power Query 的功能更强大，只需要通过鼠标操作即可高效快捷地实现这些功能。

学习视频 06

"转换"菜单和"添加列"菜单中都有拆分列、合并列、提取功能，如图 4-68 和图 4-69 所示，两者的区别是：执行"转换"菜单中的提取和合并操作后，原列不保留；执行"添加列"菜单中的提取和合并列操作后，原列保留，生成新的列。

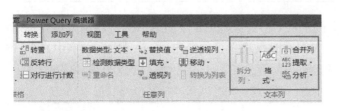

图 4-68　"转换"菜单栏下的入口

图 4-69　"添加列"菜单栏下的入口

1. 数据的拆分

数据的拆分，类似 Excel 中的数据分列功能，是指将一列的内容拆分到多列中。不是所有的数据都可以拆分，拆分的依据是按照特定分隔符或字符数，适用于拆分具有一定排列规律的字符串，方便用户对数据进行二次分类，以便后续的数据分析使用。"拆分列"选项下的各项操作如图 4-70 所示。

当按照分隔符拆分时，会弹出图 4-71 所示的选项。常规选项有两个：

1）选择或输入分隔符：指定按什么标准对数据进行拆分。默认提供了 5 种分隔符：冒号、逗号、等号、分号和空格。如果数据列中没有上述分隔符，还可以自定义分隔符，如输入竖线、星号、破折号、斜线等不同类型的符号。

图 4-70　"拆分列"选项
下的各项操作

2）拆分位置：用来指定数据提取方式。

① 最左侧的分隔符：从当前列最左侧字符开始，当指定的分隔符第一次出现时，就对当前文本以分隔符为界定拆分成两个数据列。

② 最右侧的分隔符：从当前列最右侧字符开始，当指定的分隔符第一次出现时，就对当前文本以分隔符为界定拆分成两个数据列。

③ 每次出现分隔符时（此功能不常见）：可以将当前文本列拆分成多列，即每出现一次分隔符，其左右两边的文本就会被拆分，然后独立存储在相对应的数据列中。

图 4-71 中的"高级选项"选项，有 4 个可选项，含义分别如下：

图 4-71 按分隔符拆分列及高级选项

1）拆分为列：最常用的拆分方式，一般默认为拆分为列。拆分出来的文本数据将以列的方式进行存储。

2）拆分为行：拆分出来的数据会作为新的行插入当前文本列中。

3）引号字符：仅仅对 CSV 类型文件起作用。CSV 文件是一种字符分隔符文件，对于列中数据的存储有一个规定，如果某一行数据包括空格、双引号、逗号等特殊字符，就需要在该字符串外围使用一对双引号进行包裹，CSV 文件中的引号字符会被作为字符分隔符舍弃掉，不做保留。

4）使用特殊字符进行拆分：如果需要按照〈Tab〉键、回车符、换行和不间断空格对数据进行拆分，可以选中此项。

【案例实操 4-7】 打开第四章\案例素材\数据的填充.xlsx，依照前面讲到的向下填充方法，将店铺字段向下填充后，将店铺字段拆分成城市和店铺名称两个字段。操作步骤如下：

步骤 1：在 Power Query 中，选中"店铺"列，选择"添加列"→"重复列"选项，复制店铺列，如图 4-72 所示。

步骤 2：选中"店铺 – 复制"列，选择"转换"→"拆分列"→"按字符数"选项，输入字符数 2，选择拆分模式"一次，尽可能靠左"，单击"确定"按钮确认如图 4-73 所示。

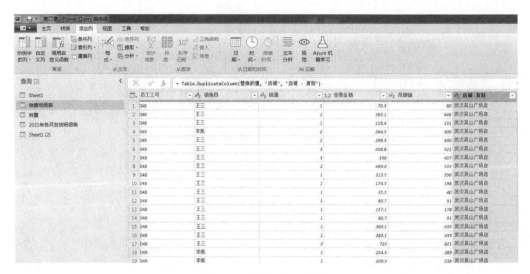

图 4-72　执行重复列操作

按字符数拆分列

指定用于拆分文本列的字符数。

字符数

2

拆分

◉ 一次，尽可能靠左

○ 一次，尽可能靠右

◎ 重复

› 高级选项

[确定]　[取消]

图 4-73　按字符数拆分列操作

步骤 3：拆分后的字段将城市和店铺名称分为两列，双击列名称可以分别自定义修改列名为"城市"和"店铺名"，如图 4-74 所示。

fx	= Table.RenameColumns(更改的类型1,{{"店铺 - 复制.1", "城市"}, {"店铺 - 复制.2", "店铺名"}})				
销售员	销量	1.2 业绩金额	吊牌额	城市	店铺名
1	1	70.3	80	武汉	吴山广场店
2	2	393.1	446	武汉	吴山广场店
3	1	115.4	131	武汉	吴山广场店
4	2	264.5	300	武汉	吴山广场店
5	2	299.3	340	武汉	吴山广场店
6	3	458.8	521	武汉	吴山广场店
7	3	358	407	武汉	吴山广场店
8	2	469.6	533	武汉	吴山广场店
9	1	313.5	356	武汉	吴山广场店
10	1	174.5	198	武汉	吴山广场店
11	1	35.5	40	武汉	吴山广场店
12	1	80.7	91	武汉	吴山广场店
13	1	157.1	178	武汉	吴山广场店
14	1	80.7	91	武汉	吴山广场店
15	1	383.1	435	武汉	吴山广场店
16	1	383.1	435	武汉	吴山广场店
17	3	723	821	武汉	吴山广场店

图 4-74　拆分后的结果

2. 数据的提取

数据的提取是指从文本数据中提取某些需要的字符，可按照长度、首字符、尾字符、范围等方式来提取字符。需要注意的是，提取字符操作之前，要检查数据类型是否是文本型，日期型数据是无法提取的。常用的数据提取方式如表 4-3 所示。

表 4-3　常用的数据提取方式

选 择 方 式	具 体 含 义
长度	提取字符串的长度
首字符	从左开始提取（类似 Excel 中的 LEFT 函数）
结尾字符	从右开始提取（类似 Excel 中的 RIGHT 函数）
范围	从中间开始提取（类似 Excel 中的 MID 函数）
分隔符（之前/之后/之间）的文本	提取分隔符控制的文本位置

【案例实操 4-8】　接着案例实操 4-7：数据的填充 .xlsx，需要在销售单编号字段中提取年月日信息，操作步骤如下：

步骤 1：在 Power Query 查询编辑器中，选中"销售单编号"列，检查数据类型是否为文本，如图 4-75 所示。

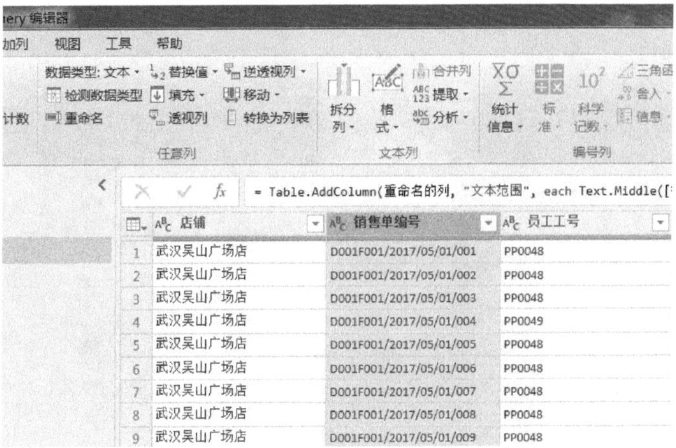

图 4-75　检查目标列数据类型是否为文本

步骤 2：选择"添加列"→"提取"→"范围"选项，输入起始索引为 9（起始索引为要提取的字符前面的字符数），字符数为 10（年月日中间的反斜线"/"也算在内），单击"确定"按钮确认如图 4-76 所示。

步骤 3：将提取的年月日字段名修改为"日期"，将数据类型修改为日期型，最终结果如图 4-77 所示。

图 4-76　设置提取属性

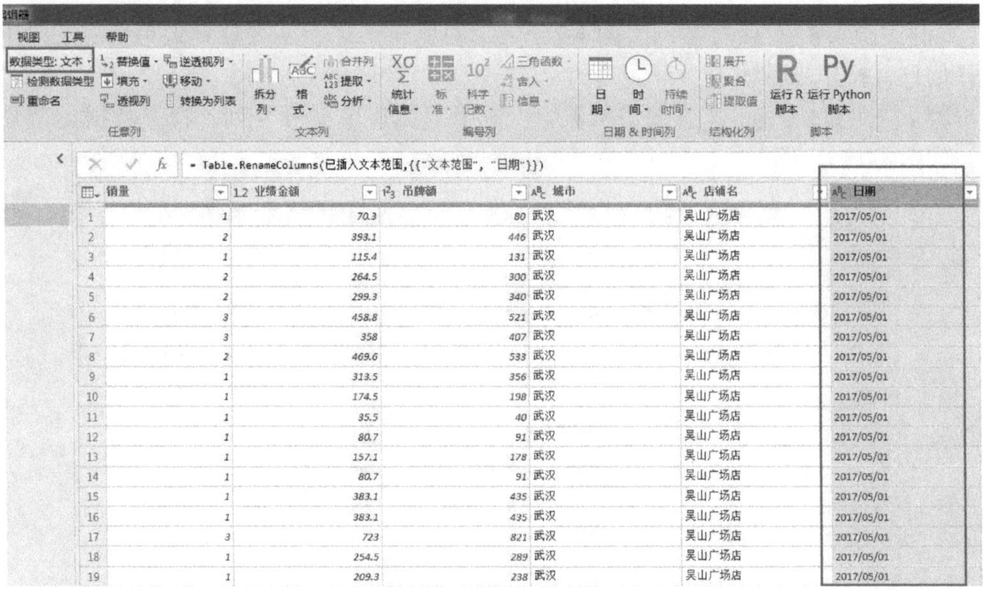

图 4-77　提取后的结果

3. 数据的合并

数据的合并是将多列数据合并到一列中，操作方法相对简单，在 Power Query 中首先选择需要合并的列，然后在菜单栏中单击"合并列"，弹出"合并列"对话框，可以设置合并列之间的分隔符。需要注意的是，如果选择"转换"菜单合并列，原列将被删除；如果选择"添加列"菜单合并列，原列将被保留。接着上述步骤继续操作，如图 4-78 所示，将"城市"列和"店铺名"列合并，横线作为分隔符，最终结果如图 4-79 所示。

图 4-78　合并列属性设置

ABC 城市	ABC 店铺名	ABC 日期	ABC 已合并
武汉	吴山广场店	2017/05/01	武汉-吴山广场店
武汉	吴山广场店	2017/05/01	武汉-吴山广场店
武汉	吴山广场店	2017/05/01	武汉-吴山广场店
武汉	吴山广场店	2017/05/01	武汉-吴山广场店
武汉	吴山广场店	2017/05/01	武汉-吴山广场店
武汉	吴山广场店	2017/05/01	武汉-吴山广场店
武汉	吴山广场店	2017/05/01	武汉-吴山广场店
武汉	吴山广场店	2017/05/01	武汉-吴山广场店
武汉	吴山广场店	2017/05/01	武汉-吴山广场店
武汉	吴山广场店	2017/05/01	武汉-吴山广场店

图 4-79　合并列后的结果

4.3.7　数据的透视与逆透视

第一章详细介绍 Power BI 中比较重要的概念：一维表和二维表。一维表适合 Power BI 分析，而很多源数据表是二维表，虽然易于阅读，但不适合数据分析，往往需要转化为一维表。

学习视频 07

数据的透视与逆透视是 Power Query 中非常核心的功能之一，本质上就是用于二维表和一维表之间的转换。在 Power Query 中，通过鼠标简单操作，就可以实现一键透视与逆透视，非常高效简便。

1. 数据的透视

用 Power BI 做数据分析时需要一维表，但是一维表不利于阅读和展现，常常还要把一维表变成二维表。

【案例实操4-9】 打开第四章 \ 鞋类销售情况统计表 . xlsx，导入 Power BI Desktop，在查询编辑器窗口中可以看到这是一个一维表，为便于阅读，需要将其转化为二维表。操作步骤如下：

步骤1：在 Power Query 中，将月份字段更改为文本型，选择"转换"→"透视列"选项，"值列"选择"销售额"，如图4-80所示。

图 4-80 设置透视列属性

步骤2：单击"确定"按钮，一维表就转化为二维表了，如图4-81所示。

	A^BC 产品	1.2 1月	1.2 2月	1.2 3月	1.2 4月	1.2 5月
1	皮鞋	12847.78	27549.28	27695.69	23978.57	29363.07
2	童鞋	17985.44	23495.78	12793.33	17687.78	31824.21
3	运动鞋	17785.79	24422.64	21351.66	16491.09	31486.6
4	高跟鞋	16090.58	20305.01	23776.5	29260.22	31354.7

图 4-81 透视列后的结果

2. 数据的逆透视

将二维表转化为一维表的过程叫逆透视，逆透视列与透视列的操作相反，可以将列转换为行，并对数据进行拆分操作。实际工作中，报表往往是二维表，为了数据分析的需要要转化为一维表，在 Power Query 中通过逆透视功能就能轻松实现。以本节的数据为例，选中"产品"字段列，选择"转换"→"逆透视列"选项下的"逆透视其他列"，即可完成逆透视，然后将属性字段更改为"月份"，值字段更改为"销售额"，逆透视后的结果如图4-82所示。

	A^B_C 产品	A^B_C 月份	1.2 销售额
1	皮鞋	1月	12847.78
2	皮鞋	2月	27549.28
3	皮鞋	3月	27695.69
4	皮鞋	4月	23978.57
5	皮鞋	5月	29363.07
6	皮鞋	6月	29962.02
7	皮鞋	7月	14981.01
8	皮鞋	8月	13031.35
9	皮鞋	9月	19612.89
10	皮鞋	10月	32224.72
11	皮鞋	11月	29888.21
12	皮鞋	12月	15646.51
13	童鞋	1月	17985.44
14	童鞋	2月	23495.78
15	童鞋	3月	12793.33
16	童鞋	4月	17687.78
17	童鞋	5月	31824.21
18	童鞋	6月	18853.01
19	童鞋	7月	33093.5

图 4-82 逆透视后的结果

4.3.8 分组依据功能

Power Query 中的分组依据，类似 Excel 中的分类汇总功能，可以按照某一分类对某列数据或某几列数据进行去重操作和聚合计算（求和、计数、求均、非重复行计数等），并在去重的过程中将其他数据列按照用户指定的方式对其进行聚合以便生成与依据列相对应的数据。分组依据也是一种数据透视分析的功能，在 Power Query 数据清洗中经常使用。

学习视频 08

【案例实操 4-10】 将鞋类销售情况统计表 .xlsx 的案例数据，按照产品名称统计总销售金额。操作步骤如下：

步骤 1：在 Power Query 查询编辑器中，选择"转换"→"分组依据"选项，在"分组依据"中选中"基本"和"产品"，"新列名"输入"总销售额"、"操作"选择"求和"、"柱"选择"销售额"，如图 4-83 所示。

	A^B_C 产品	A^B_C 月份	1.2 销售额
1	皮鞋	1月	12847.78
2	皮鞋	2月	27549.28
3	皮鞋	3月	27695.69
4	皮鞋	4月	23978.57

分组依据

指定分组所依据的列以及所需的输出。

◉ 基本　○ 高级

| 产品 | ▾ |

新列名	操作	柱
总销售额	求和 ▾	销售额 ▾

[确定] [取消]

图 4-83 设置分组依据属性

步骤 2: 单击"确定"按钮后,结果如图 4-84 所示。

ABC 产品	1.2 总销售额
1 皮鞋	279401.1
2 童鞋	283055.3
3 运动鞋	281116.88
4 高跟鞋	263211.3

图 4-84 分组依据后的结果

Tips小贴士

分组依据的属性设定界面 (见图 4-83),主要包含 4 个选项。分别是分组依据、新列名、操作与柱。

1) 分组依据:选择以哪个数据列作为分组条件。

2) 新列名:用于承载聚合操作结果的新列名名称,自定义命名即可,但不能和现有的列名重复。

3) 操作:指定具体的聚合操作方法,主要可选有求和、平均值、中值、最大值、最小值、对行进行计数、非重复行计数以及所有行等。

4) 柱:指定用于进行聚合计算的数据列。若操作是针对计数,那么柱选项无须填写。

此外,如果需要使用多个分组数据列来进行数据分类,就选择高级分组,这与分组依据基本选项卡中的设置类似。高级分组设置如图 4-85 所示,即同时按照省份和城市分组求总发货量。最终结果如图 4-86 所示。

图 4-85 设置高级分组依据属性

	$^{A^B_C}$ 省份		$^{A^B_C}$ 城市		1.2 发货总量	
1	上海		上海		50733	
2	上海		浦东		146	
3	江西		赣州		162	
4	湖北		武汉		5819	
5	宁夏		银川		1191	
6	福建		福州		2118	
7	四川		成都		5673	
8	安徽		合肥		4453	
9	浙江		杭州		6622	
10	浙江		余杭		6607	
11	甘肃		兰州		2812	
12	江苏		无锡		1366	
13	内蒙古		鄂尔多斯		9	
14	北京		北京		13209	
15	重庆		重庆		3806	
16	河北		石家庄		3399	
17	陕西		西安		4887	

图 4-86　高级分组依据结果

4.3.9　合并与追加查询功能

合并查询和追加查询属于表的汇总，可以根据需要将多张表中的数据加载到同一张表中进行分析，这样做的好处是可以避免在日后数据建模时进行跨表查询和计算，提高运算效率。

学习视频 09

1. 合并查询

合并查询是表与表之间的横向组合，需要两张表之间有相互关联的字段。类似 Excel 中的 Vlookup 函数，可以单条件和多条件匹配引用，即把表横向拉长拉扁。当两张或者多张表中某一个或多个数据列下包含部分相同行值时，可以以这些相同值为基准，通过合并查询将多张表数据合并成一张新表。

合并查询的新表中，会生成两张表的所有的字段，而生成哪些数据记录要看两张表的链接关系。合并查询的属性界面如图 4-87 所示。

图 4-87 中，第一张表为店铺销售明细表（A 表），有店铺、员工工号、销售员、销量、业绩金额 5 个字段；第二张表为销售目标表（B 表），有店铺名称和销售目标两个字段。店铺名称是两张表的共同字段（列名可以不一致）。合并查询中，表的链接关系有左外部、右外部、完全外部、内部、左反、右反共 6 种，如图 4-88 所示，黑色阴影为合并后的信息。

为了方便理解，假设 A 表店铺记录只有 5 条，店铺名记录分别为 A1、B1、C1、D1、E1；B 表店铺名称只有 4 条，店铺名记录分别为 D1、E1、F1、G1。两张表的 6 种链接方式合并后的结果和含义如表 4-4 所示。

图 4-87 合并查询的属性界面

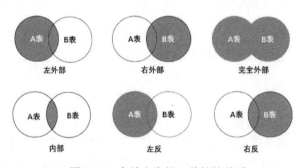

图 4-88 合并查询的 6 种链接关系

表 4-4 两张表的 6 种链接方式

链接方式	结　果	具体含义
左外部	A1 B1 C1 D1 E1	A 表所有行，B 表匹配行
右外部	D1 E1 F1 G1	B 表所有行，A 表匹配行
完全外部	A1 B1 C1 D1 E1 F1 G1	A、B 表所有行
内部	D1 E1	A、B 表中的匹配行
左反	A1 B1 C1	A 表中去掉 B 表匹配行
右反	F1 G1	B 表中去掉 A 表匹配行

【案例实操 4-11】 打开第四章中合并查询案例文件，文件中有店铺销售明细表和店铺销售目标表，现将销售目标表中的目标合并到店铺销售明细表中。实现步骤如下：

步骤 1：导入店铺销售明细表和销售目标表，进入 Power Query 查询编辑器，如图 4-89 所示。

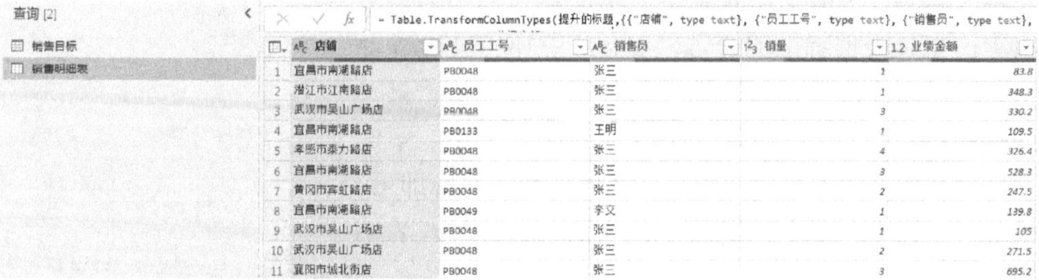

图 4-89　导入案例数据

步骤 2：选择"主页"→"合并查询"→"将查询合并为新查询"选项，选择要合并的表，双击两表的店铺名字段，"链接种类"选择"左外部"，如图 4-90 所示。

图 4-90　设置合并查询属性

步骤 3：单击"确定"按钮，生成新的合并表如图 4-91 所示。

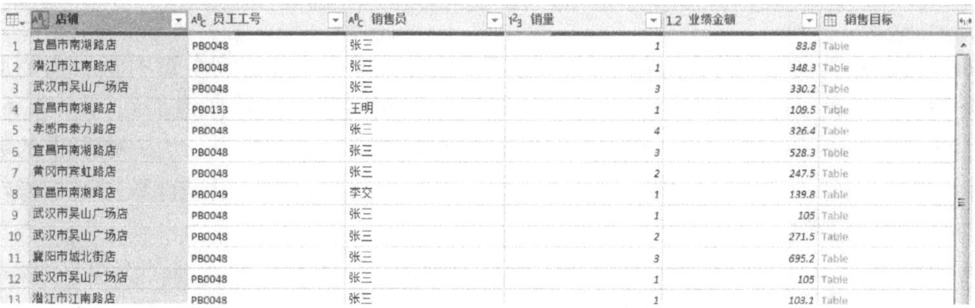

图 4-91　生成新的合并表

步骤4：单击销售目标右侧的扩展选项按钮，选择"销售目标"字段，如图4-92所示，窗口中出现"展开"和"聚合"选项，"展开"是表示要将嵌套数据中的内容提取出来以常规数据列的形式进行存放；"聚合"是在提取数据列时对其进行聚合计算（如求均值、最大值、最小值等），然后将聚合结果作为返回值存储在主表中。本案例主要是合并匹配销售目标，所以选择展现销售目标即可。

步骤5：单击"确定"按钮，展开字段后的合并表结果如图4-93所示。

图4-92 选择"销售目标"字段

	店铺	员工工号	销售员	销量	1.2 业绩金额	销售目标.销售目标
1	市南湖路店	PB0048	张三	1	83.8	120000
2	市南湖路店	PB0133	王明	1	109.5	120000
3	市南湖路店	PB0048	张三	3	528.3	120000
4	市南湖路店	PB0049	李文	1	139.8	120000
5	市吴山广场店	PB0048	张三	3	330.2	250000
6	市吴山广场店	PB0048	张三	1	105	250000
7	市吴山广场店	PB0048	张三	2	271.5	250000
8	市江南路店	PB0048	张三	1	348.3	100000
9	市宾虹路店	PB0048	张三	2	247.5	100000
10	市泰力路店	PB0048	张三	4	326.4	150000
11	市城北街店	PB0048	张三	3	695.2	130000
12	市吴山广场店	PB0048	张三	1	105	250000
13	市江南路店	PB0048	张三	1	103.1	100000
14	市吴山广场店	PB0048	张三	1	80.7	250000
15	市南湖路店	PB0048	张三	2	306.2	120000
16	市南湖路店	PB0048	张三	1	241.3	120000
17	市幸福路店	PB0048	张三	1	324	200000
18	市江南路店	PB0048	张三	1	383.1	100000
19	市吴山广场店	PB0133	王明	1	80.7	250000

图4-93 展开字段后的合并表结果

Tips小贴士

"合并查询"选项下有两个子选项，分别是合并查询和将查询合并为新查询。

- 合并查询：在当前选中表的基础上进行合并操作，合并后的新表将代替原始表。
- 将查询合并为新查询：创建一个新的表，将选中表的内容复制到新表上再进行合并操作。该操作可以保留原始表内容。

需要注意的是，如果数据量太大，或者表之间差异性过大，就不太适合用合并查询。因为新表会由于数据量过大影响后续计算效率。

2. 追加查询

如果说合并查询是对两张表以某种匹配方式整合，那么追加查询是对两张表按照上下方式进行整合，是把字段一样的数据追加到一张表中，相同字段的数据追加到同一个字段下。如果两张表中存在不同的字段，则不同字段的数据会单列。也就是说，当一张表中的数据列名称和类型与另外一张表中的数据列名称和类型完全相同时，就可以进行数据追加操作。

与合并查询类似，追加查询也有两个子选项：

- 追加查询：在当前选中表的基础上进行追加操作，追加后的新表将代替原始表。
- 将查询追加为新查询：创建一个新的表，将选中表中的内容复制到新表上再进行追加操作。该操作可以保留原始表内的数据。

【案例实操4-12】 打开第四章案例数据文件夹中的三家物流商发货信息表，将三家物流商发货明细表数据合并在一张表中。操作步骤如下：

步骤1：导入文件到 Power Query 中后，选择"主页"→"追加查询"选项，打开图 4-94 所示的追加查询配置窗口。

追加

将两个表中的行连接成一个表。

◉ 两个表   ○ 三个或更多表

主表

A物流商

要追加到主表的表

B物流商

确定   取消

图 4-94   追加查询配置窗口

步骤2：在"两个表"的追加设置下共有两个选项，主表和要追加到主表的表。本案例是三张表，因此选择"三个或更多表"，将其他表添加到右侧即可，如图 4-95 所示。

追加

将三个或更多个表中的行连接成一个表。

○ 两个表   ◉ 三个或更多表

可用表

销售目标
销售明细表
合并1
A物流商
B物流商
C物流商

添加 >>

要追加的表

A物流商
B物流商
C物流商

确定   取消

图 4-95   设置追加三个或更多表

步骤3：单击"确定"按钮，被追加后的新表如图 4-96 所示。

	省份	城市	体积	重量
1	上海	上海	0.622	82.105
2	上海	上海	5.8896	828.48
3	上海	浦东	0.02229	3.498
4	江西	赣州	6.628	876.402
5	湖北	武汉	3.1446	549.792
6	宁夏	银川	1.232	194.2
7	湖北	武汉	0.41	84.06
8	福建	福州	2.356	450
9	四川	成都	0.002	0.7075
10	安徽	合肥	0.0424	9.44
11	浙江	杭州	0.356	72.5
12	四川	成都	0.075	9.7
13	四川	成都	0.01955	3.86
14	浙江	余杭	20.8316	3086.072
15	安徽	合肥	0.51938	79.254

图 4-96   追加查询后的新表结果

　　此外，如果两张表彼此之间有重复数据，在进行追加查询时，Power BI 并不会进行去重操作，即是新表中会包含一部分重复数据需要视实际情况是否需要手动清除。

4.3.10　添加列：增加不同用途的列

　　在导入外部源数据后，有时会根据数据分析的需要，需要增加一个辅助列，便于后续数据建模时使用。Power Query 中添加列有添加重复列、索引列、条件列、自定义列、示例中的列等形式，如图 4-97 所示。

学习视频 10

1. 自定义列

　　自定义列是通过公式创建新列，例如，根据价格和数量列，通过自定义列公式，创建新列：销售额。导入第四章案例数据：连锁商场运营数据.xlsx。新列名取名为：销售额，自定义列公式下，直接单击右边的字段名，按〈Tab〉键将其添加到公式中，输入"＊"符号，即乘法运算符，如图 4-98 所示。当左下方显示"未检测到语法错误。"时，表示操作正确，单击"确定"按钮，即可得到图 4-99 的结果。

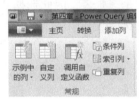

图 4-97　添加列

图 4-98　自定义列公式

1.2 价格	1²₃ 数量	ABC 123 销售额
6.72	12	80.64
6.36	15	95.4
6.99	13	90.87
5.98	42	251.16
9.96	15	149.4
7.75	13	100.75
2.57	14	35.98
10.64	42	446.88
9.93	92	913.56
7.53	43	323.79
4.3	11	47.3
9.22	13	119.86
1.26	14	17.64
6.78	14	94.92

图 4-99 自定义列后的结果

2. 条件列

按照某条件创建新列，类似于 Excel 中的 IF 函数，如上述案例数据，单击添加条件列，在弹出的窗口中输入指定的条件，例如，根据销售额，如果大于或等于 200，返回"达标"，否则返回"不达标"，如图 4-100 所示。最终结果如图 4-101 所示。

图 4-100 添加条件列

1.2 价格	1²₃ 数量	ABC 123 销售额	ABC 123 级别
6.72	12	80.64	不达标
6.36	15	95.4	不达标
6.99	13	90.87	不达标
5.98	42	251.16	达标
9.96	15	149.4	不达标
7.75	13	100.75	不达标
2.57	14	35.98	不达标
10.64	42	446.88	达标
9.93	92	913.56	达标
7.53	43	323.79	达标
4.3	11	47.3	不达标
9.22	13	119.86	不达标
1.26	14	17.64	不达标
6.78	14	94.92	不达标
3.79	13	49.27	不达标
6.5	13	84.5	不达标

图 4-101 添加条件列的结果

3. 索引列

索引列是包含不重复数字的列，通过为每行增加一个序号，记录每一行所在的位置。索引列可以选择从 0 或 1 开始。索引列在实际应用中最大的用途就是规范排序。例如，制作图表时，X 轴顺序没有按照想要的顺序展现，因此在开始操作前，可以先添加一个索引列，完成所需操作后，对索引列进行升序排序就可以恢复数据的原始顺序。

【案例实操4-13】 打开第四章案例数据文件：索引列排序 . xlsx，对月份字段排序时按照索引号作为排序依据。此案例数据导入到 Power BI 中后，月份默认排序依据是：10 月、11 月、12 月、1 月、2 月…，通过设置索引列，可将其按照正常月份从小到大有序排列。操作步骤如下：

步骤 1：索引列排序 . xlsx 数据表导入 Power BI Desktop 中，进入 Power Query 界面，如图 4-102 所示。

图 4-102　导入源数据

步骤 2：将月份字段更改为"文本"数据类型，弹出更改列类型对话框，单击"替换当前转换"，结果如图 4-103 所示。

图 4-103　更改月份数据类型

步骤 3：选择"添加列"→"索引列 – 从 1"选项，将索引字段名改为"月份排序依据"，结果如图 4-104 所示。在后续的 Power BI 数据分析及可视化图表制作中，当需要对月份排序时，选择排序依据为"月份排序依据"即可按照正常月份顺序显示数据。

	日期	月份	季度	月份排序依据
1	2022-01-01	1月	Q1	1
2	2022-02-01	2月	Q2	2
3	2022-03-01	3月	Q3	3
4	2022-04-01	4月	Q2	4
5	2022-05-01	5月	Q2	5
6	2022-06-01	6月	U2	6
7	2022-07-01	7月	Q3	7
8	2022-08-01	8月	Q3	8
9	2022-09-01	9月	Q3	9
10	2022-10-01	10月	Q4	10
11	2022-11-01	11月	Q4	11
12	2022-12-01	12月	Q4	12

图 4-104　索引列设置

4. 复制列

有时为了分析的需要，可以复制现有的列，并对复制后的列进行一些操作，如复制包含日期的列并让该列只显示日期中的年份或月份。选择"添加列"→"重复列"选项即可复制列，复制后的列位于数据区域的最右侧，其字段标题中带有"复制"两字，如图 4-105 所示，双击字段标题可以修改字段名字。

	日期	月份	季度	月份排序依据	日期 - 复制
1	2022-01-01	1月	Q1	1	2022-01-01
2	2022-02-01	2月	Q2	2	2022-02-01
3	2022-03-01	3月	Q3	3	2022-03-01
4	2022-04-01	4月	Q2	4	2022-04-01
5	2022-05-01	5月	Q2	5	2022-05-01
6	2022-06-01	6月	Q2	6	2022-06-01
7	2022-07-01	7月	Q3	7	2022-07-01
8	2022-08-01	8月	Q3	8	2022-08-01
9	2022-09-01	9月	Q3	9	2022-09-01
10	2022-10-01	10月	Q4	10	2022-10-01
11	2022-11-01	11月	Q4	11	2022-11-01
12	2022-12-01	12月	Q4	12	2022-12-01

图 4-105　复制列

4.3.11　日期和时间的处理

Power Query 查询编辑器为日期和时间数据提供了强大而快捷的处理方式，如从日期中提取年、月、日、季度、周、星期等信息，如图 4-106 所示；可以将日期转化为年、月、季度等，结果如图 4-107 所示。时间的整理转换思路与日期类似，这里不再赘述。

图 4-106　日期的转换

日期 - 复制	年	季度.1
2022-01-01	2022	1
2022-02-01	2022	1
2022-03-01	2022	1
2022-04-01	2022	2
2022-05-01	2022	2
2022-06-01	2022	2
2022-07-01	2022	3
2022-08-01	2022	3
2022-09-01	2022	3
2022-10-01	2022	4
2022-11-01	2022	4
2022-12-01	2022	4

图 4-107　转化后的结果

4.4　综合案例：对学生成绩表进行数据清洗

图 4-108 所示为学生期末成绩表，需要转换为适合 Power BI 分析的数据表，并增加一列展示成绩分级：即 60 分以下为“不及格”，60 分～70 分（不含）为“及格”，70 分～80 分（不含）为“中等”，80 分～90 分（不含）为“良好”，90 分～100 分（含）为“优秀”。

通过前面介绍的内容可知，图 4-108 中的数据表为二维表，需要通过逆透视转换成一维表。成绩分级可以通过添加条件列实现。具体操作步骤如下：

步骤 1：打开第 4 章案例数据文件：学生成绩表 . xlsx，导入 Power BI Desktop 中，单击“转换数据”进入 Power Query 查询编辑器界面，如图 4-109 所示。

A	B	C	D
学生姓名	语文	数学	英语
吴丹	60	63	67
李秀洪	95	60	92
曹沛然	61	94	63
伍霞	95	88	58
宋丽英	75	93	63
黎超超	73	98	86
张翠	91	58	66
张林青	75	93	95
王芳	92	88	77
刘曜宁	86	91	58
陈冬英	94	66	73
汪小梅	64	72	71
吕瑶珊	75	82	84
刘伟中	67	82	72
王洪英	70	72	64
王登均	80	90	68
任军	79	55	91

图 4-108　学生成绩表

= Table.TransformColumnTypes(提升的标题,{{"学生姓名", type text}, {"语文", Int64.Type

	学生姓名	语文	数学	英语
1	吴丹	60	63	67
2	李秀洪	95	60	92
3	曹沛然	61	94	63
4	伍霞	95	88	58
5	宋丽英	75	93	63
6	黎超超	73	98	86
7	张翠	91	58	66
8	张林青	75	93	95
9	王芳	92	88	77
10	刘曜宁	86	91	58
11	陈冬英	94	66	73
12	汪小梅	64	72	71
13	吕瑶珊	75	82	84
14	刘伟中	67	82	72
15	王洪英	70	72	64
16	王登均	80	90	68
17	任军	79	55	91
18	姚昌和	83	85	82
19	李凤娟	65	92	58
20	王晨	83	72	76
21	陈晓旋	89	81	61

图 4-109　数据表导入 Power BI 查询编辑器

步骤 2：选中"学生姓名"字段，选择"转换"→"逆透视"→"逆透视其他列"选项，如图 4-110 所示。逆透视的结果如图 4-111 所示，然后双击"属性"和"值"字段，分别重命名为"课程名称"和"分数"。

图 4-110   执行逆透视

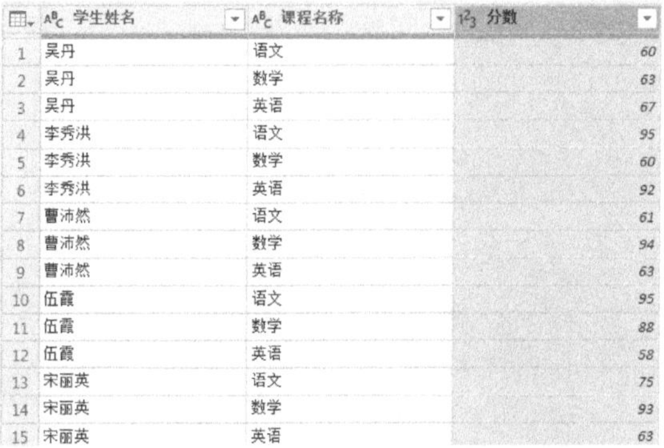

图 4-111   逆透视后的结果

步骤 3：单击"添加列"选项卡下的"条件列"，弹出"添加条件列"对话框，设置各个判断条件，如图 4-112 所示。

图 4-112   添加条件列

步骤 4：单击"确定"按钮，最终结果如图 4-113 所示。

	ABC 学生姓名	ABC 课程名称	123 分数	ABC 123 级别
1	吴丹	语文	60	及格
2	吴丹	数学	63	及格
3	吴丹	英语	67	及格
4	李秀洪	语文	95	优秀
5	李秀洪	数学	60	及格
6	李秀洪	英语	92	优秀
7	曹沛然	语文	61	及格
8	曹沛然	数学	94	优秀
9	曹沛然	英语	63	及格
10	伍霞	语文	95	优秀
11	伍霞	数学	88	良好
12	伍霞	英语	58	不及格
13	宋丽英	语文	75	中等
14	宋丽英	数学	93	优秀
15	宋丽英	英语	63	及格

图 4-113　添加条件列后的结果

第 5 章

掌握 DAX 语言——
Power BI 数据建模

引言：会当凌绝顶，一览众山小。数据建模是 Power BI 的核心和灵魂，而 DAX 语言是 Power BI 数据建模的核心。本章将以零售店铺客户信息统计表数据为例，循序渐进地带领读者一起学习 DAX 语言，全面掌握 Power BI 的精髓。

通过本章内容的学习，读者将掌握如下几个方面的内容：

（1）深刻理解表的属性，以及关系的创建方法；

（2）掌握 DAX 的语法知识及常用函数类型；

（3）掌握 DAX 入门、进阶及高阶函数的用法；

（4）掌握度量值、新建列和计算表的创建方法；

（5）通过综合案例演练，掌握数据建模的核心用法。

5.1 建立表关联

前面的内容介绍过，Power BI 处理的表往往是多个，Power BI 的优势就是打通来自各个数据源中的各种表，通过各个维度对数据分类汇总与可视化呈现。前提是，各个表之间需要建立某种关系，建立关系的过程就是数据建模。根据分析的需要，还可以通过新建列、新建表、新建度量值等方式建立各类分析数据，也叫数据建模，数据建模的目的是构建多维度可视化分析。

学习视频 11

5.1.1 维度表和事实表

在第 1 章中详细介绍了维度表和事实表（明细表）的概念，理解维度表和事实表的概念和用途，是构建表之间的关系的基础。维度表是同类型属性信息的集合，是对客户世界的定性描述，往往是没有数字的。例如：日期表、地区表、产品分类表、商品名称表等，都是维度表。事实表，也称为数据明细表，是对定性数据的数据度量。例如：商品销售明细表，发货数据表等。维度表和事实表为构建表之间的关系搭建了桥梁，Power BI 数据建模，本质上就是构建维度表和数据表之间的关系。建立数据表之间的关系，就是建立维度表和事实表之间关联的过程，如图 5-1 所示。

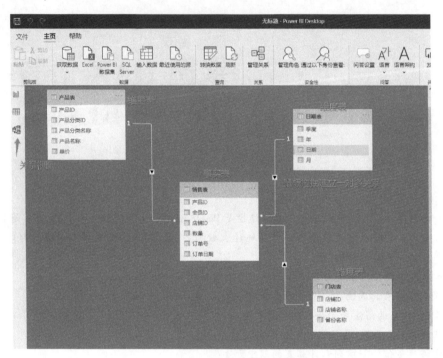

图 5-1　建立表关联：维度表与事实表

5.1.2　创建关系

在 Power BI Desktop 中导入了多个数据表后，可能同时需要这些表中的数据，那么就需要通过共同的字段，将这些本来各自独立的数据表建立某种逻辑连接，将这些表创建关系。创建关系的过程，也属于数据建模的范畴。大多数情况下，Power BI 会对加载进来的数据表进行自动检测并自动创建关系，但在某些复杂情况下，自动创建的关系也会出现不准确的情况，这时就需要手动创建关系，因此，创建关系有自动创建和手动创建两种方法。

1. 自动创建关系

将数据加载到 Power BI Desktop 中以后，进入数据建模层面。切换到任意一种视图，在功能区打开"主页"选项卡下的"管理关系"选项，在弹出"管理关系"对话框中，单击"自动检测"按钮，如图 5-2 所示。

此时，软件开始自动检测当前已加载的数据表之间是否存在关系，如果找到关系，则显示如图 5-3 所示的自动检测信息。如果没找到，就会显示如图 5-4 所示的未检测到关系的提示信息。

图 5-2　单击"管理关系"选项

图 5-3　自动检测成功信息　　　　　　　　　　　　图 5-4　未检测到关系

最后，单击"关闭"按钮切换到关系视图，可以看到两个表之间建立了可用的关系，如图 5-5 所示。

图 5-5　显示可用的关系

2. 手动创建关系

用户可以自己手动创建关系，创建的方法有两种，一种是在关系视图中用鼠标拖动字段，以可视化的方式创建关系；另一种是在对话框中创建关系。分别介绍如下。

（1）通过鼠标拖动字段创建关系

切换到关系视图，可以看到灰色背景页面下，包含了所有已加载到 Power BI Desktop 中的所有表的字段信息。在关系视图的"字段"窗格中，单击维度表中的特定共同字段并按

住鼠标左键，然后将其拖动并刚好覆盖到事实表中的共同字段上。如图 5-6 所示，鼠标按住不放"店铺资料表"中"店铺"字段，拖动到"销售明细表"中的"店铺"字段上，此时两个表之间会出现一条黄色的连接线，表示已经建立了一对多的关系。如果要查看两个表之间通过哪个字段创建的关系，则可将鼠标放在连接线上，高亮显示的字段即是共同的关键字段，本来为关键字段为"店铺"字段。

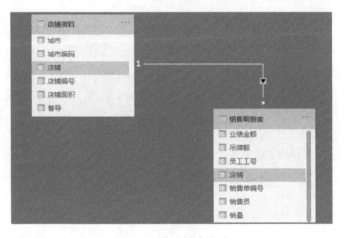

图 5-6　手动创建关系

（2）通过对话框创建关系

按照上述手动创建关系的方法，数据导入后，进入数据建模层面，切换到任意一种视图，在功能区打开"主页"选项卡下的"管理关系"选项，在弹出的"管理关系"对话框中，单击"新建"按钮，弹出"创建关系"对话框，如图 5-7 所示。

图 5-7　"创建关系"对话框

在第一个下拉列表框中选择"店铺资料"，第二个下拉列表框中会自动选择"销售明细

表",基数自动为一对多,默认勾选"使此关系可用",如图 5-8 所示。

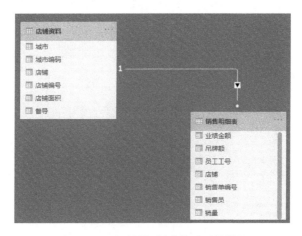

图 5-8 通过对话框创建关系

单击"确定"和"关闭"按钮,创建关系后的结果如图 5-9 所示。

图 5-9 通过对话框创建关系后的结果

在默认情况下,Power BI Desktop 会自动匹配新关系的基数和交叉筛选器方向,基数包括以下 4 种。

- 一对多(1:*):A 表(维度表)中的一条记录可以对应 B 表(事实表)中的多条记录,一对多是最常见、最合适的关系。

- 多对一（＊：1）：和一对多相反，B表（事实表）中的多条记录，对应A表（维度表）中的一条记录。
- 一对一（1：1）：A表的一条记录只能与B表的一条记录对应。一对一的关系比较少见，特殊场景下可能会用到，比如将常用的数据列抽取出来组成一个表，将数据划分为不同的安全级别等。
- 多对多（＊：＊）：A表中的一条记录能够对应B表中的多条记录；同时，B表中的一条记录也能对应A表中的多条记录。注意，多对多的关系，在实际工作中尽量少用，因为多对多的关系比较复杂，可能会引起关系的紊乱导致数据建模出现错误。

在图5-8中，通过对话框创建关系界面，右下角出现"交叉筛选器方向"选项，主要用于指定当具有关系的两个表筛选数据时筛选效果的作用范围。交叉筛选器方向分为单一和双向两种。

- 单一：表示连接表中的筛选选项适用于被连接的表格，适用于周围仅有两个表。
- 双向：表示在进行筛选时，两个表被视为同一个表，适用于其周围具有多个查找表的单个表。

Tips小贴士

可以在Power BI Desktop后台中预设自动检测关系属性，当数据导入到Power BI Desktop后，软件会自动检测并自动创建关系，然后切换到关系视图，可以看到数据导入后就立即创建了关系，基本不用人工干预了。操作路径为：打开Power BI Desktop软件 → 文件 → 选项和设置 → 选项 → 数据加载 → 类型检测 → 勾选"加载数据后自动检测新关系"，如图5-10所示。

图5-10　设置自动检测

5.1.3　管理关系

1. 编辑关系

对于已经创建的关系，可以通过"编辑关系"进行修改。打开"编辑"的方法有两种，一种是切换到关系视图，在功能区"主页"选项下选择"管理关系"，单击"编辑"按钮后，会弹出"编辑关系"对话框，可以对关系进行修改，修改完成后单击"确定"按钮，如图 5-11 所示。另外一种方法是在关系视图界面中，直接双击关系连接线，或者右击要修改的关系连接线，在弹出的快捷菜单栏中选择"属性"命令，也会弹出"编辑关系"对话框，如图 5-12 所示。

图 5-11　通过"主页"选项编辑关系

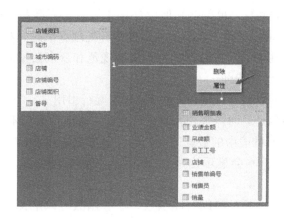

图 5-12　通过关系连接线编辑关系

2. 删除关系

对于不需要的关系，可以在"管理关系"对话框中单击"删除"按钮进行删除，如图 5-13 所示；也可以在关系连接线上，鼠标右击需要删除的关系连接线，在弹出的快捷菜单栏中选择"删除"命令进行删除，如图 5-14 所示。

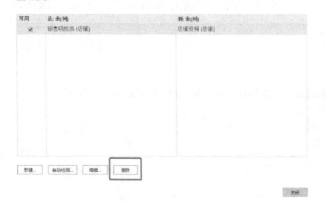

图 5-13　通过"管理关系"对话框删除关系　　　　图 5-14　通过关系连接线删除关系

5.2　DAX：数据建模的核心

Power BI 的前身是 Excel 中的 Power Query 和 Power Pivot，Power Query 使用的是 M 语言，用于数据整理；Power Pivot 使用的是 DAX 语言，用于数据建模。DAX 语言全称为数据分析表达式（Data Analysis Expressions），是公式或表达式中可用来计算并返回一个或多个值的函数、运算符和常量的集合。DAX 语言是一种新的函数式语言，允许用户在 Power BI 表中的"表""计算列"和"度量值"中自定义计算。DAX 语言主要以函数的形式出现，既包含一些在 Excel 公式中使用的函数，也包含其他设计用于处理关系数据和执行动态聚合的函数。简而言之，DAX 语言可通过模型中已有的数据创建和处理新信息。和 Excel 公式类似，DAX 作为一种函数式语言，也有相应的数据类型、语法规范和众多数量的各种函数。和 Excel 函数相比，DAX 函数有自己的特点：

1）DAX 函数引用的是整列或整表，而 Excel 是逐行引用。

2）DAX 有一些函数是返回一张表，而这张表是一张虚拟表，不会直接显示出来，但是可以使用其他函数对返回的表中的数据进行计算，例如先通过 FILTER 函数筛选出符合条件的表（这张表是虚拟表，不会显示出来），然后用 SUM 函数对这张筛选出的表进行求和计算。

3）DAX 包含了丰富多样的时间智能函数。这些函数可以定义或选择某一段日期范围，并基于此范围执行动态计算。例如求同比销售额、年初至今销量等。

5.2.1　DAX 语法

　　DAX 语法就是公式的编写方式，DAX 公式类似于 Excel 函数，不过 DAX 公式是基于列或表的计算，引用了"表""列"或度量值。DAX 语法规范的前提是数据类型要正确，DAX 语法数据类型主要有整数、小数、文本、布尔、日期时间、货币、空值等。

- 整数：64 位整数。
- 小数：64 位实数。
- 文本：用文字描述的字符串。
- 布尔：TRUE 或者 FALSE。
- 日期时间：Power BI 中的最早日期是 1900 年 1 月 1 日。
- 货币：小数部分只能有 4 位。
- 空值：如果要在公式中使用空值，可以调用 BLANK( ) 函数。

　　如图 5-15 所示，DAX 公式由 3 个部分构成，从左到右分别为度量值的名称、赋值符号（ = ）和表达式的内容。表达式的内容一般以函数为主体，间或带有常量、数值或运算符（ + 、 - 、 * 、 ／ 、 > = 、&&）等。其组成元素和书写规范说明说下：

图 5-15　DAX 公式的组成部分

　　1）"总销售额"是度量值名称，它是在编写 DAX 公式时最先输入的自定义内容。

　　2）" = "是等号运算符，是公式的开头，完成计算后会返回结果。

　　3）"SUMX"是一个 DAX 公式，用于聚合求和计算，表示将销售统计表中的每一行记录的价格与数量相乘后再全部一起求和，并生成"总销售额"度量值。

　　4）"( )"：括住一个或多个参数表达式。

　　5）"销售统计表"前后的单引号，用来引用表名，表示引用的是"销售统计表"。

　　6）","用于分隔一个函数中的多个参数。

　　7）"价格"和"数量"用中括号，用来引用列名。

　　8）" * "是乘法运算符，表示"价格"与"数量"两列数据相乘。

　　虽然 DAX 公式与 Excel 公式有些类似，但是区别还是挺大的，学习和编写 DAX 公式时，需要注意以下几点：

- DAX 公式只能引用完整的数据表或数据列。如果要引用列中某部分的数据，则可以使用能够筛选列或返回唯一值的 DAX 函数（如后面章节会讲到的 CALCULATE +

FILTER 函数组合）。

- DAX 公式中引用的列名和度量值要放在中括号中。
- 如果引用的列和当前 DAX 公式所创建的度量值或计算列属于同一个表，则可以直接引用列，而不需要为列添加表名的限制；如果不属于同一个表，则需要在引用列前加上表名，以示区分。
- 在 DAX 公式中输入函数名第一个字母或输入中括号时，将自动显示与当前输入匹配的函数或列名的列表，用户可以使用方向键选择，再用〈Tab〉快捷键选择所需的函数或列名字段。
- 当 DAX 公式较长时，可以使用〈Alt + Enter〉组合键换行输入。
- 如果 DAX 公式书写错误，会显示错误提示，可以根据错误提示重新检查公式并修改正确。有时即使公式是正确的，也可能返回错误的结果。
- DAX 公式不区分大小写。

5.2.2　DAX 运算符

作为一门语言，运算符是 DAX 公式函数最基本的底层单元要素，DAX 语言使用运算符来创建公式，用于比较值、执行算术计算或处理字符串。DAX 公式和 Excel 公式中的运算符非常相似，包括算术运算符、比较运算符、文本运算符和逻辑运算符等。有所不同的是，在 DAX 公式中，使用 "&&" 符号表示 "与" 运算，等同于 Excel 中的 "AND" 函数；使用 "||" 表示 "或" 运算，等同于 Excel 中的 "OR" 函数。

DAX 公式中的运算符有 4 类：算术运算符、比较运算符、文本串联运算符、逻辑运算符。如图 5-16 所示，分别介绍了 4 类运算符的含义和示例。

Tips小贴士

使用运算符时，需要注意以下几点：

- 运算符书写时一定要英文状态，否则会出错。
- 所有 DAX 公式都是以 = 开始，公式始终从左到右读取。
- 一个公式中有多个运算符，运算优先级与 Excel 基本相同。
- DAX 公式不支持某些 Excel 运算符，如 "%" 运算符。

5.2.3　十类常用的 DAX 函数

DAX 拥有较多函数，按照用途可以分为统计函数、数学函数、文本函数、筛选函数、逻辑函数、信息函数、时间函数、时间智能函数、投影函数、集合函数等。

1. 统计函数

DAX 中的统计函数主要包括 AVERAGE、MAX、MIN、COUNT、COUNTROWS、DISCOUNT、MAXX、MINX 等。以 X 结尾的聚合函数可以同时处理多列。统计函数返回的均为数值函数，非表函数，可以直接创建度量值。常用统计函数含义和示例如表 5-1 所示。

运算符类型	符号	含义	示例
算术运算符	+	加法	1+1
	-	减法	2月1日
	*	乘法	2*3
	/	除法	4月2日
	^	幂	2^4
比较运算符	=	等于	[省份]="广东"
	>	大于	[日期]>"2020/10/8"
	<	小于	[日期]<"2020/10/8"
	>=	大于或等于	[销售数量]>=100
	<=	小于或等于	[销售数量]<=100
	<>	不等于	[品牌]<>"格力"
文本串联运算符	&	连接两个文本值以生成一个连续的文本值	[省份]&[城市]
逻辑运算符	&&	同时满足几个条件。如果多个表达式都返回TRUE，则结果为TRUE；否则结果为FALSE.	[店铺城市]="广州"&&[品牌]="格力"
	||	满足任意一个条件。如果任意表达式返回TRUE，则结果为TRUE；仅当所有表达式均返回FALSE时，结果才为FALSE。	[店铺城市]="广州"||[品牌]="格力"

图 5-16　运算符类型介绍

表 5-1　常用统计函数

函　　数	含　义	例　子	返回的结果
AVERAGE（column）	表示将数字向下舍入到最接近的整数或第二个参数的最接近倍数	AVERAGE（'学生成绩表'［成绩］）	返回学生成绩表中成绩字段的平均值
MAX（column）	返回列中的最大数值	MAX（'销售明细表'［销量］）	返回销量最大值
MIN（column）	返回列中的最小数值	MIN（'销售明细表'［销量］）	返回销量最小值
MAXX（table，expression）	返回通过为表的每一行计算表达式而得出的最小数值	度量值 = MAXX（'销售统计表'，［价格］ * ［数量］）	返回销售统计表中价格字段乘以数量字段后最大的值
MINX（table，expression）	返回通过为表的每一行计算表达式而得出的最小数值	度量值 = MINX（'销售统计表'，［价格］ * ［数量］）	返回销售统计表中价格字段乘以数量字段后最小的值
COUNT（column）	返回列中数字型的数目	COUNT（'销售明细表'［省份］）	返回省份的个数
COUNTROWS（table）/DISCOUNT	返回数据表中的行数/列数	COUNTROWS（'店铺分类表'）	返回店铺分类表的数据行数

2. 数学函数

常用的数学函数及示例如表 5-2 所示。

表 5-2 常用数学函数含义与示例

函 数	含 义	例 子	返回的结果
DIVIDE （numerator, denominator, alternate_result）	返回安全除法的结果，第一个参数是被除数，第二个参数是除数，第 3 个参数可填可不填，是遇到除零错误时返回的数值	= DIVIDE （25/0，100）	100
		= DIVIDE （8，2）	4
INT( )	返回整数	INT （3.14）	3
RAND( )	返回大于或等于 0 且小于 1 的平均分布的随机数字	= RAND( )	0.25
RANDBETWEEN （bottom, top）	返回指定的两个数字之间的范围中的随机数字。第一个参数是范围的下限，第二个参数是范围的上限	= RANDBETWEEN （5，10）	8
ROUND （number, num_digits）	返回四舍五入的结果。第一个参数是将要四舍五入的数字，第二个参数是四舍五入至第几位数字，当第二个参数小于 0 时，将四舍五入至小数点左边位数	= ROUND （3.1415926，0）	3
		= ROUND （3.1415926，1）	3.1
SQRT （number）	返回求平方根的值	= SQRT （16）	4
SUM( )	返回列中所有数字的总和	= SUM （'销售明细表' ［销售额］）	将销售明细表中销售额字段求和
SUMX( )	返回为表中每一行计算的表达式之和	= SUMX （'会员销售统计表'，［价格］ ＊ ［数量］）	将会员销售统计表中每行的价格字段乘以数量字段，再求和

3. 文本函数

文本函数和 Excel 中的文本函数用法极其类似，主要用于提取、搜索或连接文本，设置文本格式等。例如：LEFT、RIGHT、MID、LEN、FIND、TRIM、FORMAT 等。常见文本函数和示例如表 5-3 所示。

表 5-3 常用文本函数

函 数	含 义	例 子	返回的结果
FIND （find_text, within_text [，［start_num］［，NotFoundValue］］）	返回查找结果开头字母对应的序列数字。在第二个参数中的文本中查找第一个参数的字符串，如果找到则返回开始的位置，找不到返回第 4 个参数的信息。第 3 个参数是可选参数，用来预设查找开始的位置，一般默认为 1	= FIND （"BMX"，"line of BMX racing goods"）	9

（续）

函　　数	含　　义	例　　子	返回的结果
FORMAT（value，format_string）	返回按一定格式显示的内容。返回的内容是依照第二个参数的形式来格式化第一个参数	月份＝FORMAT（MONTH（'日历'[日期]），"00 月"）	01 月、02 月、03 月、……、12 月

4. 筛选函数

返回特定数据类型，在相关表中查找值以及按相关值进行筛选，部分筛选函数返回的是表，但是无法显示出来，可以看作是"虚拟表"，因此，返回表的函数也称为表函数。DAX 中的表函数主要有 ALL、FILTER、VALUES、DISTINCT、RELATEDTABLE。常见筛选函数及示例如表 5-4 所示。

表 5-4　常见筛选函数

函　　数	含　　义	例　　子	返回的结果
ALL(table，column[，…])	返回表中的所有行或者返回列中的所有值，同时忽略可能已应用的任何筛选器。此函数可用于清除筛选器并对表中的所有行创建计算。第一个参数是要清除筛选器的表，后面的参数集合是要清除其筛选器的列集合，其中方括号内的列集合可写可不写	SUMX（ALL（'会员销售统计表'），[价格]＊[数量]）	清除会员销售明细表及价格字段、数量字段上的筛选器
CALCULATE(expression，filter1，filter2[，…])	返回在指定筛选器修改上下文中计算表达式的值。第一个参数是目标的计算列名，后面的参数是筛选器集合，其中方括号内的筛选器集合可写可不写	CALCULATE（'产品销售统计表'[总销量]，'产品销售统计表'[年份]＝"2021"）	2021 年的总销售量
FILTER（table，filter）	返回表示另一个表或表达式的子集的表。第一个参数是目标的表格名，第二个参数是筛选条件	FILTER（'销售统计表'，（'销售统计表'[华南大区最小值]）＜＝（'库存表'[牛奶的销售额]）&&'销售统计表'[华南大区最大值]＞'库存表'[牛奶的销售额]）	在销售统计表中，求出在华南大区最大值与华南大区最小值之间的牛奶销售额
RELATED（column）	返回从另一个表对应的相关值，前提是两个表要建立表间关系	RELATED（'产品信息表'[单价]）	2021-5-18 0：00

5. 逻辑函数

对表达式执行逻辑判断操作，以返回表达式中有关值的信息。常见逻辑函数及示例如表 5-5 所示。

表 5-5　常见逻辑函数

函　　数	含　　义	例　　子	返回的结果
IFERROR（value，value_if_error）	判断参数是否有错误，有错误返回第二个参数，否则返回本身值	= IFERROR（50/0，100）	100
IF（logical_test，value_if_true，value_if_false）	判断是否满足作为第一个参数提供的条件。如果该条件为 TRUE，则返回一个值；如果该条件为 FALSE，则返回另一个值，又叫 IF 语句	= IF（[成绩] <60，"不及格"，"及格"）	成绩低于 60 分则返回"不及格"，高于或等于 60 分则返回"及格"
SWITCH(expression，value，result［，value，result]…［，else]）	返回与表达式列表中最先为 True 的表达式所对应的数值或表达式，又叫多分支选择语句	= SWITCH（[week]，1，"星期一"，2，"星期二"，3，"星期三"，4，"星期四"，5，"星期五"，6，"星期六"，7，"星期日"，）	对应原来数据为 1 则转换为星期一，如此类推

6. 信息函数

信息函数和 Excel 信息函数类似，用于判断某行或某个值是否为期望的类型，常见信息函数及示例如表 5-6 所示。

表 5-6　常见信息函数

函　　数	含　　义	例　　子	返回的结果
ISERROR（value）	检测参数是否有错误，有错误返回 TRUE，否则返回 FALSE	\	\
ISBLANK（value）	检测参数是否为空白，空白返回 TRUE，否则返回 FALSE	= ISBLANK（BLANK()）	TRUE
ISNUMBER（value）	检测参数是否为数字，是数字返回 TRUE，否则返回 FALSE	= ISNUMBER（"123"）	FALSE
ISTEXT（value）	检测参数是否为文本，是文本返回 TRUE，否则返回 FALSE	= ISTEXT（"text"）	TRUE

7. 时间函数

DAX 时间函数和 Excel 时间函数类似，常用的 DAX 时间函数及示例如表 5-7 所示。

表 5-7　常用时间函数

函　　数	含　　义	例　　子	返回的结果
DATE（year,month，day）	返回日期格式的日期。3 个参数分别是年、月、日	2016 – 1 – 15	2016 – 1 – 25
MONTH（date）	返回一个日期的月份（1~12）。参数是日期类型的日期	3	3
YEAR（date）	返回一个日期的年份。参数是日期类型的日期	2017	2017
DAY（date）	返回一个日期的天数。参数是日期类型的日期	3	3
HOUR（date）	返回一个日期的秒数。参数是日期类型的日期	= HOUR（"2018/4/17 8：51：13"）	8
MINUTE（date）	返回一个日期的分钟数。参数是日期类型的日期	= MINUTE（"2018/4/17 8：51：13"）	51
SECOND（date）	返回一个日期的秒数。参数是日期类型的日期	= SECOND（"2018/4/17 8：51：13"）	13
NOW()	返回当前时间，其参数为空	2021 – 7 – 3 16：22	2021 – 7 – 3 16：22
TODAY()	返回当前日期，其参数为空	2021 – 7 – 3	2021 – 7 – 3
YEARFRAC（start_date，end_date，basis）	返回两个日期之间的完整天数占全年天数的比例。前两个参数分别表示开始日期与结束日期，第 3 个参数是天数计算基础类型，可以不写，如果写 1 代表"实际值/实际年度天数"（如果是闰年则为 366），如果写 2 代表"实际值/360"，写 3 代表"实际值/365"，写 4 代表"European 30/360"	YEARFRAC（DATE(2016,5,3)，DATE(2016,5,1)）	0.99

8. 时间智能函数

时间智能函数是 DAX 函数中比较核心的函数，也是 Power BI 比 Excel 功能强悍的关键原因之一（Excel 函数中几乎没有时间智能函数）。利用时间智能函数，可以灵活地筛选出一段需要的时间区间（包括日、月、季度和年），时间智能函数最大的用途是计算同比、环比、滚动销售预测等。根据返回的结果，时间智能函数的类别还可以进一步分为时间段函数、时间点函数以及计算类三种。常用时间智能函数及示例如表 5-8 所示。

表 5-8　常用时间智能函数

时间类别	公　　式	语　　法	备　　注
时间段	datesytd	（'日历表'［日期列］，可选项可定义截止日期）	本年至今累计
	dateadd	（'日历表'［日期列］，间隔，间隔类型年月日）	按照指定的间隔返回一个时间区间
	sameperiodlastyear	（'日历表'［日期列］）	sameperiodlastyear（'日历表'［日期列］）= dateadd（'日历表'［日期列］，– 1，year）

（续）

时间类别	公 式	语 法	备 注
时间段	previousmonth（day/quarter/year）	('日历表'［日期列])	上一个月的日期（日/季度/年）
	nextmonth（（day/quarter/year））	('日历表'［日期列])	下一个月的日期（日/季度/年）
	parallelperiod	('日历表'［日期列]，间隔，间隔类型年月日)	和 dateadd 类似
	datesbetween	('日历表'［日期列]，开始日期，结束日期)	配合 firstday 和 lastday 可求累计至今
	datesinperiod	('日历表'［日期列]，开始日期，间隔，间隔类型)	30 天移动平均：Calculate（［销售量]，Datesinperiod（'日历表'［日期列]，max（'日历表'［日期列]），－30，day））/30
时间点	firstdate	('日历表'［日期列])	日期的最小日期
	lastdate	('日历表'［日期列])	日期的最大日期
	endofmonth（quarter/year）	('日历表'［日期列])	本月的最后一天（季度/年）
	startofmonth（quarter/year）	('日历表'［日期列])	本月的第一天（季度/年）
计算类	totalytd（mtd/qtd）	（［度量值表达式]，'日历表'［日期列])	totalytd（［销售金额]，'日历表'［日期] = Calculate（［销售金额]，datesytd（'日历表'［日期]））

9. 投影函数

所谓投影函数，可以简单理解为以下两种业务场景。

1）在已有的表中添加若干个新列（ADDCOLUMNS）。

ADDCOLUMNS 的语法格式为：ADDCOLUMNS（表，名称1，表达式1，名称2，表达式2…）。

含义：ADDCOLUMNS 返回包含原始列和所有新添加列的表。

2）在已有的表中提取某几列（SUMMARIZE）。

SUMMARIZE 函数语法格式为：SUMMARIZE（表，分组列名，字段名称，表达式…）

含义：表示返回一个表，为其定义名称的每个列都必须具有一个对应的表达式；否则，将返回错误。名称用双引号。分组列名必须位于表中。

10. 集合函数

所谓集合函数，就是数据表之间的合并、连接、比较等。常用的集合函数主要有 EX-CEPT（表1，表2）函数和 TREATAS（表，列）函数。

- EXCEPT（表1，表2）函数：对比两个表，返回表1和表2不同的地方，有重复值。

返回的是一个表。EXCEPT 函数的两个参数都必须是表或返回表的公式，并且列数相同。EXCEPT 函数将返回表 1 中不存在于表 2 中的数据。

- TREATAS（表，列）函数：对比两个表，返回表 1 和表 2 相同的地方，无重复值。返回的是一个表。

5.2.4　理解 DAX 语言的上下文

Power BI 中有一些重要概念，比较抽象，比如上下文概念，在后面的 DAX 函数案例实操过程中会反复提及。上下文是 DAX 中一个非常重要的概念，用于定义函数的运算范围，使得函数的作用范围可以根据上下文的不同实现动态变化，因此，理解 DAX 语言的上下文，对掌握 DAX 函数的学习尤为重要。

所谓的上下文，就是当前函数运行的环境，上下文 = 当前环境（范围）。Power BI 中常见的上下文有行上下文和筛选上下文两种。

- 行上下文：即当前行中的内容，是对应字段（可以是多个字段）的横向操作产生新列集合。如对每一行数据求出“合计”（合计 = 单价 * 数量）的新列操作，就是行上下文操作。如图 5-17 所示，在当前对每一行的操作（价格 * 数量）的过程就是行上下文操作。

产品名称	购买日期	价格	数量
花生	2020/9/1	18	4
大豆	2020/9/1	19	3
玉米	2020/9/3	15	4
小麦	2020/9/4	11	2
芝麻	2020/9/5	15	4

产品名称	购买日期	价格	数量	合计
花生	2020/9/1	18	4	72
大豆	2020/9/1	19	3	57
玉米	2020/9/3	15	4	60
小麦	2020/9/4	11	2	22
芝麻	2020/9/5	15	4	60

图 5-17　行上下文操作

- 筛选上下文：是对应表数据集合的纵向操作产生新的子表集合，是将原始数据按照一定规则进行筛选，然后将提取出来的结果作为环境变量带入到函数中使用。通过设定筛选上下文，可以灵活地改变函数的运算范围，实现数据分类分析处理的目的。如图 5-18 所示，对产品名称和购买日期列进行纵向筛选，之后形成的子表集合即筛选上下文的操作。

产品名称	购买日期	价格	数量
花生	2020/9/1	18	4
大豆	2020/9/1	19	3
玉米	2020/9/3	15	4
小麦	2020/9/4	11	2
芝麻	2020/9/5	15	4

筛选产品名称列，条件是购买日期9/1

产品名称	购买日期	价格	数量
花生	2020/9/1	18	4
大豆	2020/9/1	19	3

图 5-18　筛选上下文操作

5.2.5 五个常用的 DAX 入门函数

DAX 入门函数中，比较常用的函数有 SUMX、SWITCH、RELATED/RELATEDTABLE、VALUES/DISTINCT、FORMAT 等。下面一一通过案例形式讲解，案例素材均在第 5 章案例 \ DAX 入门函数案例文件夹中。

1. SUMX 函数

含义：为表中的每一行计算的表达式的和，简单地说，是对列数据逐行求和。该函数可以在单个列上使用，也可以在多个列上使用，它只会计算列中的数字，其他的诸如文本、逻辑值使用将被忽略不计。SUMX 函数的语法和参数说明如图 5-19 所示。名称结尾带有 X 后缀的函数在运行时循环访问表的每一行，并执行计算，循环即迭代，所以也被称为迭代函数。除了 SUMX，类还有如 MAXX、MINX、AVERAGEX 等，运行原理类似。

图 5-19 SUMX 函数语法和参数

【案例实操 5-1】 打开第 5 章案例 \ DAX 入门函数案例 \ SUMX 函数案例 . pbix。在发货明细表中，根据包装数量和费率求总运费。

如图 5-20 所示，新建一个度量值"总运费"，输入"总运费 = SUMX（'发货明细表'，[包装数量] ＊ [费率]）"。然后切换到报表视图，插入卡片图，将总运费字段拖动到卡片图中，可以看到总运费金额，如图 5-21 所示。

发货单号	省份	城市	配送中心	商品数量	包装数量	体积	费率	产品组名称
CFD100808000274	福建	厦门	厦门	2	2	0.1101	25	LCF 商台开启及T
BFD100807004080	黑龙江	哈尔滨	哈尔滨	2	2	0.1101	17	LCF 商台开启及T
BFD100807004084	内蒙古	呼和浩特	呼和浩特	2	2	0.1101	19	LCF 商台开启及T
CFD100809000660	湖南	长沙	长沙	2	2	0.1101	20	LCF 商台开启及T
CFD100803001171	广东	广州	广州	2	2	0.1101	31	LCF 商台开启及T
BFD100805003108	河北	邯郸	石家庄	2	2	0.1101	51	LCF 商台开启及T
CFD100807001528	广东	潮州	广州	2	2	0.1101	75	LCF 商台开启及T
CFD100806002730	广东	中山	广州	2	2	0.1101	70	LCF 商台开启及T

总运费 = SUMX（'发货明细表',[包装数量]*[费率]）

图 5-20 输入 SUMX 公式

2. SWITCH 函数

SWITCH 函数和 IF 函数类似，用于多条件嵌套判断，只是用 SWITCH 函数更加简洁。SWITCH 函数不需要嵌套就能实现多重条件判断，在书写公式时不容易出错，可读性较强。

【案例实操 5-2】 打开第 5 章案例 \ DAX 入门函数案例 \ SWITCH 函数案例 . pbix，要求在销售明细表中，对销售额进行分级，以分析每个销售额区间的等级分布情况。

图 5-21　插入卡片图观察总运费金额

可将销售额分为优、良、差三个等级。插入计算列，命名为"分级"。然后输入 SWITCH 公式，结果如图 5-22 所示。

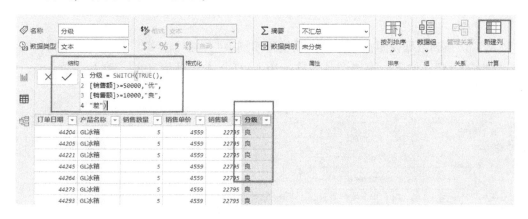

图 5-22　SWITCH 函数

3. RELATED/RELATEDTABLE 函数

- RELATED 函数：和 Excel 中的 Vlookup 函数类似，用于在有关系模型中的数据表之间的匹配引用。RELATED 是一个值函数，它的参数是一列，可把一个表的数据匹配到另一个表中，但是前提是两个表之间必须建立关联。

  语法格式：RELATED（<column>），column 表示两个表之间要匹配的列。

- RELATEDTABLE 函数：功能和 RELATED 类似，它的参数是一个表，返回的也是一个表，但是常与其他聚合函数组合使用来新建列（经常和 COUNTROWS 函数组合使用）。

语法格式：RELATEDTABLE（<tableName>），tableName 表示要匹配的表的名称。

【案例实操5-3】 打开第 5 章案例 \ DAX 入门函数案例 \ RELATED \ RELATEDTABLE 函数案例 .pbix，实现以下要求：

1）RELATED 用法。在产品销售数据表中添加一列：产品名称。如图 5-23 所示，首选要确保产品信息表和产品销售数据表之间建立 1 对多的关系。

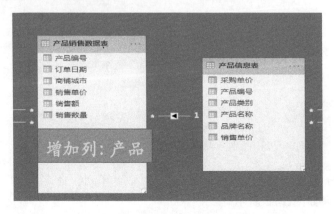

图 5-23 数据表中增加"产品名称"列

然后，切换到数据视图，选择"产品销售明细表"，在"主页"上插入新建列，字段名输入"产品名称"，输入公式"产品名称 = RELATED（'产品信息表' [产品名称]）"，结果如图 5-24 所示。

图 5-24 使用 RELATED 函数插入列

2）RELATEDTABLE 用法。在产品信息表中添加一列：订单数。如图 5-25 所示，RELATEDTABLE函数可以沿着关系的一端查找多端，且返回的是一个表（虚拟表，无法直接显示出来），无法直接用于新建列，需要将 RELATEDTABLE 返回的表进行聚合，一般用 COUNTROWS 聚合。

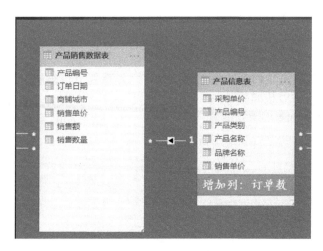

图 5-25　数据表中添加"订单数"列

　　然后，切换到数据视图，选择"产品信息表"，在"主页"上插入新建列，字段名输入"订单数"，输入公式"订单数 = COUNTROWS（RELATEDTABLE（'产品销售数据表'））"，结果如图 5-26 所示。

产品名称	产品编号	品牌名称	产品类别	采购单价	销售单价	订单数
ZG冰箱	A001	ZG	冰箱	2200	4669	2648
ZG电视	A002	ZG	电视	1500	3299	794
ZG洗衣机	A003	ZG	洗衣机	3200	4669	1266
OKM冰箱	B001	OKM	冰箱	2500	4199	2985
OKM电视	B002	OKM	电视	2000	4299	1531
OKM洗衣机	B003	OKM	洗衣机	3100	5699	821
ML冰箱	C001	ML	冰箱	1800	3599	1564
ML电视	C002	ML	电视	2200	4199	807
ML洗衣机	C003	ML	洗衣机	2600	4699	544

订单数 = COUNTROWS(RELATEDTABLE('产品销售明细表'))

图 5-26　使用 COUNTROWS 和 RELATEDTABLE 组合求订单数

4. VALUES/DISTINCT 函数

　　VALUES/DISTINCT 是使用频率较高的表函数，返回的是一张表，两者用法基本一致，都能以返回表的方式来引用列。当你想将列作为表来使用时，只需要在所使用的列的外面套上一个 VALUES 或 DISTINCT，问题就可以迎刃而解。VALUES 的参数可以是列，也可以是表，具体如下：

- 若参数为列时，VALUES 返回该列的所有可见值去重后形成的单列表；

- 若参数为表时，VALUES 返回该表的所有可见值，并且保留重复行。其中，作为参数的表只能是基础表，不能是返回表的表达式。

在实际应用场景中，VALUES 或 DISTINCT 经常用于返回只有一列的一个表作为维度表，该维度表包含来自指定表或列的非重复值。换言之：重复值将被删除，仅返回唯一值。语法格式比较简单，选中"发货明细表"，单击"主页"或"表工具"栏下的"新建表"，输入公式"省份表 = VALUES（'发货明细表'［省份］）"，结果如图 5-27 所示。

图 5-27　使用 VALUES 函数提取单列表

VALUES 与 DISTINCT 的区别主要有三个，具体如下：

1）VALUES 的参数若为表时，只能是基础表。而 DISTINCT 的参数若为表时，可以是基础表或者是返回表的表函数。

2）VALUES 的参数若为表时，保留重复行。而 DISTINCT 的参数若为表时，则会对重复行去重。

3）当遇到由参照完整性不匹配而产生的空行时，VALUES 会处理空行而 DISTINCT 则不会处理空行，会直接将空行显示出来。

5. FORMAT 函数

FORMAT 函数返回按一定格式显示的内容。返回的内容依照第二个参数的形式来格式化第一个参数，语法格式为：FORMAT（value，format_string）。

【案例实操 5-4】　打开第 5 章案例 \ DAX 入门函数案例 \ FORMAT 函数案例.pbix，要求增加一列"季度"，以 Q1，Q2，Q3，Q4 的形式呈现。

实现方法：在菜单栏中选择"新建列"，输入公式"季度 ="Q" &FORMAT（［订单日期］,"Q"）"，结果如图 5-28 所示。注意，第一个"Q"是文本，需要加上引号，用连接符"&"连接起来，第二个参数"Q"表示季度。

图 5-28 使用 FORAMT 函数添加"季度"列

5.2.6 六个重要的 DAX 进阶函数

DAX 进阶函数中，比较常用的函数有 CALCULATE、FILTER、ALL/ALLEXCEPT/ALLS-ELECTED、LOOKUPVALUE、CALCULATETABLE、RankX 这六个。下面通过案例形式一一讲解，案例素材均在第 5 章案例 \ DAX 进阶函数案例文件夹中。

1. CALCULATE 函数

CALCULATE 函数是 DAX 函数中最复杂、最灵活、最强大的函数，是 DAX 函数的引擎，该函数用于在指定筛选器修改的上下文中计算表达式。在特定筛选条件下，执行引用计算，常常与聚合函数组合使用。常用的 SUM、AVERAGE、MAX、COUNTROWS 等函数被称为聚合函数。

学习视频12

CALCULATE 的定义理解起来比较抽象晦涩，通俗地讲，CALCULATE 就是"按单条件或多条件引用某度量值"，返回的结果是一个值。

CALCULATE 函数经常和 ALL、FILTER、SUM 等函数嵌套使用。语法格式为：CALCU-LATE（表达式，＜筛选条件 1＞，＜筛选条件 2＞…）。基本用法如图 5-29 所示，基本原理是：

- 对发货明细表中的"城市"字段进行筛选，筛选条件是"深圳"。
- 对筛选出来的表执行商品总计（引用提前计算好的度量值）。
- 筛选后的商品总计度量值引用出来。

图 5-29 CALCULATE 基本用法示例

2. FILTER 函数

CALCULATE 函数是按照条件筛选，若要进行更加复杂的筛选，则可搭配使用 FILTER 函数。FILTER 函数属于高级筛选器函数，返回的是一张虚拟表。该函数主要是和 CALCULATE 搭配使用，因为 CALCULATE 函数第二个参数就是筛选条件，而 FILTER 函数正是为筛选而生。单独使用 FILTER 函数创建度量值或计算列时，会出现报错。

学习视频 13

FILTER 函数语法比较简单，只有两个参数。

语法格式：FILTER（要筛选的表，筛选条件）

语法含义及参数说明如下：

- 要筛选的表，往往是维度表。
- 筛选条件，即是根据维度表，对事实数据表中按照筛选条件逐行扫描。
- FILTER 最终返回的是一张筛选后的虚拟表。

【案例实操 5-5】 打开第 5 章案例/DAX 进阶函数案例/店铺销售业绩表 . pbix，要求统计店铺名"襄阳市城北街店"的业绩总金额。首先，创建度量值［销售总额］，公式为"销售总额 = SUM（'店铺销售业绩表'［业绩金额］）。"，如图 5-30 所示。

接着，创建一个度量值［襄阳店总金额 1］，公式为"襄阳店总金额 1 = CALCULATE（［销售总额］,FILTER（'店铺销售业绩表',［店铺］= "襄阳市城北街店"））"。然后继续创建一个度量值［襄阳店总金额 2］，公式为"襄阳店总金额 2 = CALCULATE（［销售总额］,'店铺销售业绩表'［店铺］= "襄阳市城北街店"）"，然后在报表视图中，插入两个卡片图，分别将两个度量值拖动到卡片图中，同时插入表，拖动"店铺"字段和这两个度量值到"值"中，如图 5-31 所示。

店铺	员工工号	销售员	销量	业绩金额
宜昌市南湖路店	PB0133	王明	1	105
武汉市吴山广场	PB0133	王明	1	105
宜昌市南湖路店	PB0133	王明	1	115.4
襄阳市城北街店	PB0133	王明	2	219.4
武汉市吴山广场	PB0133	王明	1	83.8
荆州市上街店	PB0133	王明	1	80.7
黄冈市宾虹路店	PB0133	王明	1	636.4
宜昌市南湖路店	PB0133	王明	1	383.1
武汉市吴山广场	PB0133	王明	1	83.8
武汉市吴山广场	PB0133	王明	1	80.7

图 5-30 创建销售总额度量值

可以看出，度量值［襄阳店总金额 1］和度量值［襄阳店总金额 2］在结果上完全一致，两者都使用了 CALCULATE 函数，只不过后者用了 FILTER 函数。当使用 CALCULATE

函数足以完成筛选工作时，就不要使用 FILTER 函数，只有当使用 CALCULATE 函数都无法完成筛选时，才用 CALCULATE + FILTER 组合函数。

图 5-31　创建度量值

3. ALL/ALLEXCEPT/ALLSELECTED 函数

（1）ALL 函数

ALL 函数属于筛选函数，语法格式为：ALL（表或列）。看着很简单，逻辑却比较复杂，返回的都是表，所以不能单独使用，一般与 CALCULATE 函数一起使用。ALL 函数主要作用是清除某个筛选条件以扩大范围，比如扩大到包含所有的产品。ALL 函数的功能就是删除可视化报表视图上的各种筛选条件，即扩大筛选条件范围。

学习视频 14

【案例实操 5-6】　打开第 5 章案例 \ DAX 进阶函数案例 \ 发货明细表 . pbix，新建度量值［ALL 商品数量］，输入公式："ALL 商品数量 = CALCULATE（［商品总计］，ALL（'发货明细表'））"，在报表视图中插入表，将"配送平台""商品数量"以及度量值［ALL 商品数量］拖入到表的"值"中，结果如图 5-32 所示。可以看出，ALL 清除了其他的外部一切筛选条件，无论外部筛选器如何筛选，［ALL 商品数量］的结果永远不变。

配送平台	商品数量	ALL商品数量
	577	4276499
北京	1459917	4276499
代理自提	634114	4276499
第三方发货	33324	4276499
惠阳	1125734	4276499
上海	870453	4276499
深圳	152380	4276499
总计	4276499	4276499

图 5-32　ALL 函数

（2）ALLEXCEPT 函数

ALLEXCEPT 函数除指定的某列受筛选条件影响外，其他的列都清除筛选条件。此函数的主要用途为：ALL 函数可以引用多列，比如表里面有 10 列，而只想对其中 9 列使用 ALL 函数，只保留剩下的一列受筛选条件影响，那么就要输入 9 个列的名称，比较麻烦，这时 ALLEXCEPT 函数就发挥了作用。

语法格式：ALLEXCEPT（表，列 1，列 2，…），返回的结果是表，所以度量值中不能单独使用，一般配合 Calculate 和 Countrows 使用。

接着上述“发货明细表”案例数据，新建度量值“发货平台 ALLEXCEPT = CALCULATE（[商品总计]，ALLEXCEPT（‘发货明细表’，‘发货明细表‘[发货平台]）”，然后切换到报表视图，如图 5-33 所示．可以看出，当选择发货平台切片器时，只有度量值[发货平台 ALLEXCEPT]才受到切片器的影响。

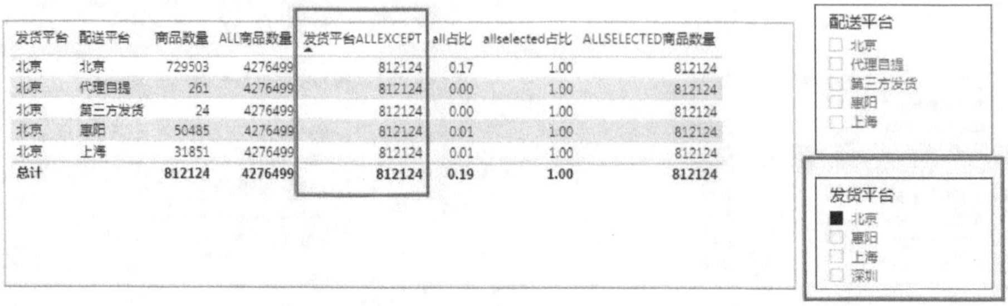

发货平台	配送平台	商品数量	ALL商品数量	发货平台ALLEXCEPT	all占比	allselected占比	ALLSELECTED商品数量
北京	北京	729503	4276499	812124	0.17	1.00	812124
北京	代理自提	261	4276499	812124	0.00	1.00	812124
北京	第三方发货	24	4276499	812124	0.00	1.00	812124
北京	惠阳	50485	4276499	812124	0.01	1.00	812124
北京	上海	31851	4276499	812124	0.01	1.00	812124
总计		**812124**	**4276499**	**812124**	**0.19**	**1.00**	**812124**

图 5-33　ALLEXCEPT 用法

（3）ALLSELECTED 函数

主要用于直观合计，把总计变成 100%，返回表中的所有行或者列中的所有值，但是保留来自外部的筛选器，即无论外部筛选如何起作用，返回表中的所有值的总计始终为 100%。

语法格式：AllSELECTED（表或列）。

接着“发货明细表”案例数据继续新建如下三个度量值。

- 新建度量值：all 占比 = [商品总计] /CALCULATE（[商品总计]，ALL（'发货明细表'））。
- 新建度量值：ALLSELECTED 占比 = [商品总计] /CALCULATE（[商品总计]，ALLSELECTED（'发货明细表'[发货平台]））。
- 新建度量值：ALLSELECTED 商品数量 = CALCULATE（[商品总计]，ALLSELECTED（'发货明细表'））。

切换到报表视图，可以看出，无论外部切片器如何筛选，[allselected 占比] 字段下的总计永远都为 1（100%）。即从直观上确保了各项占比之和最终为 100%，符合大多数人的阅读习惯。

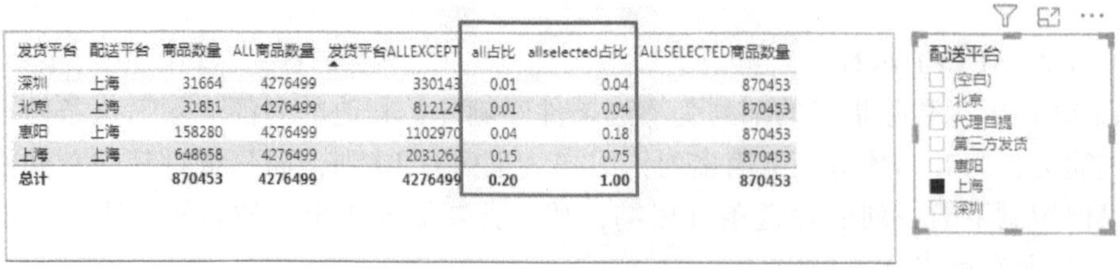

发货平台	配送平台	商品数量	ALL商品数量	发货平台ALLEXCEPT	all占比	allselected占比	ALLSELECTED商品数量
深圳	上海	31664	4276499	330143	0.01	0.04	870453
北京	上海	31851	4276499	812124	0.01	0.04	870453
惠阳	上海	158280	4276499	1102970	0.04	0.18	870453
上海	上海	648658	4276499	2031262	0.15	0.75	870453
总计		**870453**	**4276499**	**4276499**	**0.20**	**1.00**	**870453**

图 5-34　ALLSELECTED 用法

4. LOOKUPVALUE 函数

大家知道，在 Excel 中，用 VLOOKUP 函数可以实现单条件的查找匹配，在 Power BI 中，用 RELATED 函数可以实现该功能。如果是多条件查找匹配，LOOKUPVALUE 函数就派上用场了，其用途是当两个表之间没有数据关系时，实现多条件查找。

LOOKUPVALUE 函数的语法格式：LOOKUPVALUE（要匹配表 A 的列名，表 A 中匹配的第一个条件列名，对应 B 表中的第一个条件列名，表 A 中匹配的第二个条件列名，对应 B 表中的第二个条件列名…）

【**案例实操 5-7**】 打开第 5 章案例 \ DAX 进阶函数案例 \ 产品销售明细表 . pbix。要求在产品销售明细表新增"销售单价"列。依据是产品信息表中的"品牌名称"和"产品类别"列，对应产品销售明细表中的"品牌"列和"产品类别"列，如图 5-35 所示。

要求：在右边产品销售明细表中，新增"销售单价"列

图 5-35 根据两条件匹配销售单价

首先，在产品销售明细表中，选择"新增列"，字段名改为"销售单价"。然后，输入公式："销售单价 = LOOKUPVALUE（'产品信息表'［销售单价］,'产品信息表'［品牌名称］,［品牌］,'产品信息表'［产品类别］,［产品类别］)"，最终结果如图 5-36 所示。

	订单日期	品牌	产品类别	销售数量	销售单价
	2020年4月18日	MDM	冰箱	6	4200
	2020年4月26日	MDM	冰箱	6	4200
	2020年5月9日	MDM	冰箱	6	4200
	2020年5月12日	MDM	冰箱	6	4200
	2020年5月17日	MDM	冰箱	6	4200
	2020年6月2日	MDM	冰箱	6	4200
	2020年6月13日	MDM	冰箱	6	4200
	2020年6月28日	MDM	冰箱	6	4200
	2020年7月4日	MDM	冰箱	6	4200
	2020年7月10日	MDM	冰箱	6	4200
	2020年7月11日	MDM	冰箱	6	4200
	2020年7月16日	MDM	冰箱	6	4200
	2020年7月21日	MDM	冰箱	6	4200
	2020年7月25日	MDM	冰箱	6	4200
	2020年7月28日	MDM	冰箱	6	4200

1 销售单价 = LOOKUPVALUE('产品信息表'[销售单价],'产品信息表'[品牌名称],[品牌],'产品信息表'[产品类别],[产品类别])

图 5-36 LOKKUPVALUE 公式输出结果

需要说明的是，RELATED 函数以表为关联作为前提进行筛选操作，而 LOOKUPVALUE 函数针对无关联的表也可以直接使用。

5. CALCULATETABLE 函数

CALCULATETABLE 函数属于"筛选"类函数，隶属于表函数。某种意义上来说，CAL-CULATETABLE 函数其实就是 CALCULATE 函数的表函数模式，其语法格式为：CALCULA-TETABLE（<表达式>，<筛选器1>，<筛选器2>，…），运行原理和 CALCULATE 类似，只是 CALCULATETABLE 返回的是一个筛选后的表，无法单独使用，经常和 COUN-TROWS 组合使用。

【案例实操5-8】 打开第5章案例\DAX 进阶函数案例\顾客信息表.pbix。要求统计出 40 岁及以上客户数。操作步骤如下。

步骤1：在"顾客信息表"中新建列：客户年龄 = FLOOR（YEARFRAC（'顾客信息表'[出生日期]，NOW()），1），结果如图 5-37 所示。

步骤2：在"顾客信息表"中新建度量值：40 岁及以上客户数 = COUNTROWS（CAL-CULATETABLE（'顾客信息表'，'顾客信息表'［客户年龄］>40））。

步骤3：切换到报表视图，插入卡片图，将度量值"40 岁及以上客户数"拖入卡片图字段中，结果如图 5-38 所示。

图 5-37　计算客户年龄　　　　　图 5-38　COUNTROWS + CALCULATETABLE 组合求个数

6. RankX 函数

RankX 属于聚合函数，用于计算排名，属于行上下文函数，对表中每一行逐行扫描。其语法格式为：RankX（表，表达式 <值>，<1，asc/0，desc 顺序>，<排序方法>），其含义说明如下：

- 一共五个参数，前两个是必需的，后三个是可选参数。
- 表：可以是直接的表，也可以是用函数生成的表。
- 表达式：聚合表达式，或者写好的度量值。
- 值：可选。可以是个聚合表达式，也可以是一个直接的数值。
- 顺序：默认 0 为降序，1 为升序。

- 排序方法：Skip 为国际排序；Dense 为中国式排序。

【案例实操 5-9】 打开第 5 章案例 \ DAX 进阶函数案例 \ 发货明细表 . pbix。要求对各省份进行降序排名。操作步骤如下。

步骤 1：在"发货明细表"中，新建度量值：运费总计 = SUM（'发货明细表'［总运费]）。

步骤 2：接着用 VALUES 函数单独构建一个维度表"省份表"。如图 5-39 所示。

步骤 3：切换到关系视图，"省份表"和"发货明细表"之间通过"省份"字段构建一对多关系。结果如图 5-40 所示。

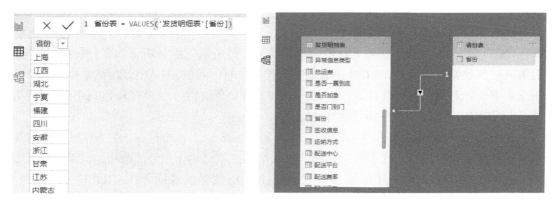

图 5-39 建立维度表"省份表"   图 5-40 构建一对多关系

步骤 4：新建度量值：总运费排名 = RANKX（ALL（'省份表'），［运费总计]），然后切换到报表视图，可视化窗格中选择插入表，分别将"省份"字段、度量值"运费总计"和"总运费排名"拖入右侧字段栏"值"下方，结果如图 5-41 所示。

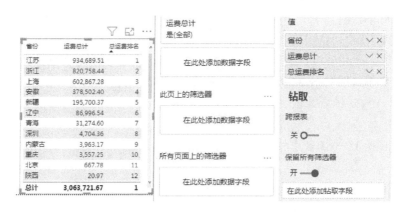

图 5-41 RankX 函数排名

使用 RANKX 函数需要注意以下两点。

1）RANKX 第一个参数表，应该是不重复的维度表。

2）可视化报表视图中，字段窗格中勾选的字段，一定要从排名度量值 ALL 函数的参数所用的表中选择的对应字段（如上述案例中，"省份"字段是维度表"省份表"中的"省份"，并非是"发货明细表"中的"省份"字段）。

5.2.7　四个重要的 DAX 高阶函数

DAX 高阶函数中，常用的函数有 EARLIER、TOTALYTD/SAMEPERIODLASTYEAR、DATESYTD/DATEADD、VAR/Return 函数。案例素材均在第 5 章案例 \ DAX 高阶函数案例文件夹中。

1. EARLIER 函数

DAX 函数大部分是以整列为计算对象，并没有做更细化的分析，如要分析每一行数据、提取某一行数据，借助 EARLIER 函数能达到按行分析的目的。EARLIER 函数也是一个行上下文函数，针对每一行进行计算。注意：EARLIER = 当前行，一般在新建列中求累计结果，常常与 SUMX、CALCULATE 函数组合使用。

EARLIER 函数语法格式为：EARLIER（< column >，< number >），第一个参数为列名，第二个参数为层数，代表向上取第几层的数据，默认为 1，为可选项，大部分情况是省略。例如：EARLIER（[月份]，1）表示取上一层数据，等同于 EARLIER（[月份]），EARLIER（[月份]，2）表示取上上层的数据。

【案例实操 5-10】　打开第五章案例 \ DAX 进阶函数案例 \ 产品销售统计表 . pbix。要求：截止到当前订单日期的累计销售额，以及统计截止到某个订单日期某个产品的累计销售数量。操作步骤如下：

步骤 1：打开产品销售统计表 . pbix，切换到数据视图，新建列：累计销售额。输入公式："累计销售额 = SUMX（FILTER（'产品销售明细表'，[订单日期] < = EARLIER（'产品销售明细表' [订单日期]）），[销售数量] * [销售单价]）"，结果如图 5-42 所示。

步骤 2：继续新建列：当前产品的累计销售数量。输入公式："当前产品累计销售量 = SUMX（FILTER（'产品销售明细表'，'产品销售明细表' [订单日期] < = EARLIER（'产品销售明细表' [订单日期]）&& '产品销售明细表' [产品类别] = EARLIER（'产品销售明细表' [产品类别]）），[销售数量]）"，结果如图 5-43 所示。

Tips小贴士

EARLIER 是 DAX 函数中较难理解的函数，需要结合具体案例加以体会，重点关注两点：

1）EARLIER = 当前行，一般和 FILTER 组合使用，表示把符合当前行的信息逐行扫描并筛选出来，称为"遍历"（本案例是把截止到当前行日期之前的数据迭代求和），放在虚拟表中。

2）EARLIER 会对每一行数据进行循环计算，计算量是数据行数的平方，数据量大时会影响计算速度。

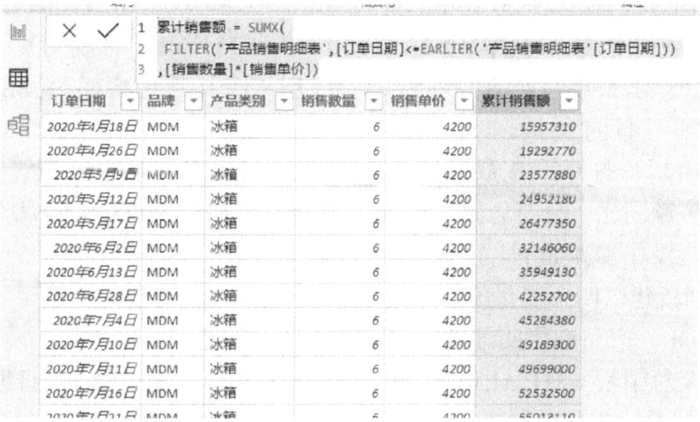

```
1 累计销售额 = SUMX(
2  FILTER('产品销售明细表',[订单日期]<=EARLIER('产品销售明细表'[订单日期]))
3 ,[销售数量]*[销售单价])
```

订单日期	品牌	产品类别	销售数量	销售单价	累计销售额
2020年4月18日	MDM	冰箱	6	4200	15957310
2020年4月26日	MDM	冰箱	6	4200	19292770
2020年5月9日	MDM	冰箱	6	4200	23577880
2020年5月12日	MDM	冰箱	6	4200	24952180
2020年5月17日	MDM	冰箱	6	4200	26477350
2020年6月2日	MDM	冰箱	6	4200	32146060
2020年6月13日	MDM	冰箱	6	4200	35949130
2020年6月28日	MDM	冰箱	6	4200	42252700
2020年7月4日	MDM	冰箱	6	4200	45284380
2020年7月10日	MDM	冰箱	6	4200	49189300
2020年7月11日	MDM	冰箱	6	4200	49699000
2020年7月16日	MDM	冰箱	6	4200	52532500

图 5-42　EARLIER 求累计销售额

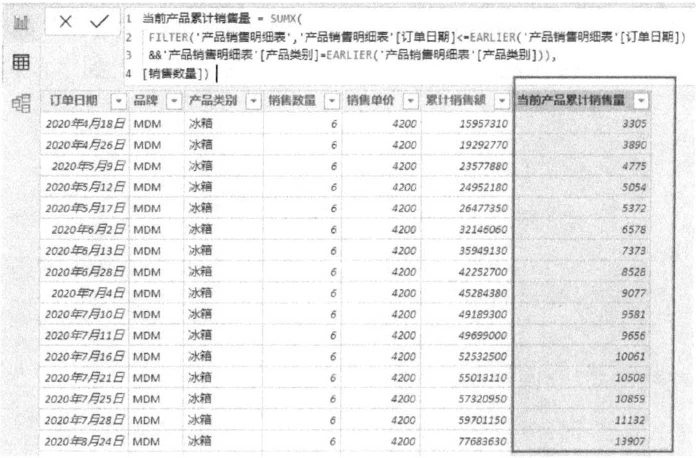

```
1 当前产品累计销售量 = SUMX(
2  FILTER('产品销售明细表','产品销售明细表'[订单日期]<=EARLIER('产品销售明细表'[订单日期])
3  &&'产品销售明细表'[产品类别]=EARLIER('产品销售明细表'[产品类别])),
4 [销售数量])
```

订单日期	品牌	产品类别	销售数量	销售单价	累计销售额	当前产品累计销售量
2020年4月18日	MDM	冰箱	6	4200	15957310	3305
2020年4月26日	MDM	冰箱	6	4200	19292770	3890
2020年5月9日	MDM	冰箱	6	4200	23577880	4775
2020年5月12日	MDM	冰箱	6	4200	24952180	5054
2020年5月17日	MDM	冰箱	6	4200	26477350	5372
2020年6月2日	MDM	冰箱	6	4200	32146060	6578
2020年6月13日	MDM	冰箱	6	4200	35949130	7373
2020年6月28日	MDM	冰箱	6	4200	42252700	8528
2020年7月4日	MDM	冰箱	6	4200	45284380	9077
2020年7月10日	MDM	冰箱	6	4200	49189300	9581
2020年7月11日	MDM	冰箱	6	4200	49699000	9656
2020年7月16日	MDM	冰箱	6	4200	52532500	10061
2020年7月21日	MDM	冰箱	6	4200	55013110	10508
2020年7月25日	MDM	冰箱	6	4200	57320950	10859
2020年7月28日	MDM	冰箱	6	4200	59701150	11132
2020年8月24日	MDM	冰箱	6	4200	77683630	13907

图 5-43　当前产品累计销售量

2. TOTALYTD/SAMEPERIODLASTYEAR 函数

TOTALYTD 表示计算截至当前上下文日期的累计值，例如：求本年年初迄今的总销售额。其语法格式为：TOTALYTD（expression，dates，<filter>，<year-end-date>）。参数说明如下。

- expression：一般是度量值。
- dates：包含日期的列。
- filter：可选参数，一般省略。
- year-end-date：可选参数，表示截止日期，用于定义年末日期的字符串。默认为 12 月 31 日。如写入“6/30”，表示将从 7 月开始重新累计。

SAMEPERIODLASTYEAR 函数表示去年同期，一般和 TOTALYTD 函数一起使用，主要用于求同比。其语法格式比较简单。SAMEPERIODLASTYEAR（日期列），返回的是去年同期的日期表。例如：求去年同期的销售额 = CALCULATE（[销售额]，SAMEPERIODLAST-YEAR（'日期表'[日期]））。

【案例实操 5-11】 打开第 5 章案例 \ DAX 高阶函数案例 \ 电器销售统计表 . pbix。要求：统计累计销售额同比。分析思路：同比 = [本年年初至今总销量 – 去年同期总销量] / 去年同期总销量。操作步骤如下。

步骤 1：分别新建以四个度量值：

总销量 = SUM（'产品销售明细表'[销售数量]）

今年年初至今总销量 = TOTALYTD（'产品销售明细表'[总销量]，'日期表'[日期]）

去年同期总销量 = TOTALYTD（[总销量]，SAMEPERIODLASTYEAR（'日期表'[日期]））

同比 = DIVIDE（[今年年初至今总销量] – [去年同期总销量]，[去年同期总销量]）

步骤 2：切换到报表视图，可视化窗格中选择插入表，分别将"产品类别""总销量""今年年初至今总销量""去年同期总销量""同比"等字段拖入到字段栏"值"下，结果如图 5-44 所示。

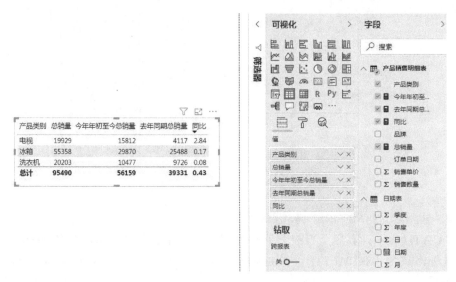

图 5-44 TOTALYTD 与 SAMEPERIODLASTYEAR 求同比

3. DATESYTD / DATEADD 函数

DATESYTD 函数表示年初至今，返回的是年初至今的日期表。属于时间段函数，无法单独使用，经常和 CALCULATE 组合使用。其语法格式为：DATESYTD（日期列，[年度结束日期]）。第一个参数为日期列，第二个参数可选，默认为 12 与 31 日。

【案例实操 5-12】　打开第 5 章案例 \ DAX 高阶函数案例 \ 电器销售统计表 . pbix。要求：

1）计算年初至今的总销量。

2）计算上年同期的年初至今的总销量。

操作步骤如下。

步骤 1：新建以下两个度量值。

年初至今总销量 = CALCULATE（［总销量］，DATESYTD（'日期表'［日期」））

上年同期的年初至今的总销量 = CALCULATE（［总销量］，DATESYTD（SAMEPERIOD-LASTYEAR（'日期表'［日期］）））

步骤 2：将上述两个度量值拖动到表中，可以发现，得出的结果和前面讲到的 TOTA-LYTD 函数求得的结果是一致的，结果如图 5-45 所示。

图 5-45　DATESYTD 函数用法

DATEADD 函数按照指定的间隔返回一个时间区间，属于表函数，在实际应用中也经常用到。语法格式为：DATEADD（＜Dates＞，＜NumberOfIntervals＞，＜Interval＞），翻译成中文即为：DATEADD（＜日期＞，＜间隔数据＞，＜时间间隔＞）参数说明如下：

● Dates：表示包含日期的单列或包含日期的单列形式的表。

● NumberOfintervals：表示偏移量，即是间隔数量。

● Interval：表示时间间隔：Day、Month、Quarter、Year。

DATEADD 使用作为第一参数的日期列的值，常用的写法为 DATEADD（'日期表'［日期］，-1，YEAR）。注意的是，第一个参数，必须是一个没有重复值的日期索引列，该索引与事实表建立一对多关联。

接着上述案例，新建度量值：上年同期的年初至今的总销量 DATEADD = CALCULATE（［总销量］，DATEADD（'日期表'［日期］，-1，YEAR）），然后切换到报表视图，将此度量值拖入到表中，结果如图 5-46 所示。可以看到，用 DATEADD 求去年同期总销量的结果与

DATESYTD + SAMEPERIODLASTYEAR 求得的结果是一致的。即 CALCULATE（[总销量]，DATEADD（'日期表'[日期]，–1，YEAR）），等同于 CALCULATE（[总销量]，DATESYTD（SAMEPERIODLASTYEAR（'日期表'[日期]）））。

图 5-46　DATEADD 计算去年同期

4. VAR/Return 自定义函数

前面内容介绍了如何求同比，公式逻辑是（当年销售量 – 上年同期销售量）/上年同期销售量。如果放在一个公式中，不断地写同一个函数，看起来比较烦琐，可读性差，如图 5-47 所示。

学习视频 15

图 5-47　比较烦琐的公式书写形式

为了让公式变得更简洁，可以通过 VAR/Return 函数定义变量，并将其结果存储起来而不受后续上下文的影响，需要的时候可通过 Return 调用，调用时不会重新执行计算。VAR 就是变量的意思，类似于录音机，即录制好某一段落再重复使用，且可以多次重复循环调用。新建度量值时，在出现的公式栏中输入 VAR，即创建了自定义函数，例如在公式栏输入 "VAR Sales"，表示自定义函数名称为 "Sales"。运用 VAR/Return 自定义公式后的结果如图 5-48 所示。

图 5-48　VAR/Return 自定义函数用法

5.3　创建度量值

度量值是数据建模的核心内容之一，在 Power BI 中，度量值是用 DAX 函数构建的一个只显示名称而无实际数据的字段，不仅能完成简单的数据统计工作（如求和、计数、求均值等），还能使用复杂嵌套的公式完成更高级的计算。

度量值不会改变源数据和数据模型，也不会占用报表内存，只有在报表视图中创建可视化效果时才会调用度量值参与计算，且可以随时被调用，称之为"移动的公式"。例如：要构建多维度销售分析指标体系，均要通过构建度量值来实现，如图 5-49 所示。

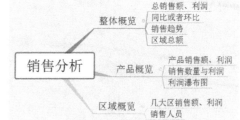

图 5-49　通过度量值构建多维度销售分析体系

从实际应用的角度，度量值可理解为存放在一定的筛选条件下对数据源进行聚合计算结果的单个数据值。需要注意三个关键信息。

- "一定的筛选条件"：表示度量值的构建经常会用到筛选函数的嵌套使用。
- "聚合计算"：说明度量值的构建过程其实就是 DAX 函数来完成。
- "单个数据值"：说明度量值返回的结果是一个具体的值，可以在卡片图中显示出来，而不是区间或范围，这也间接解释了为什么 DAX 函数分为值函数和表函数两大类。

在"字段"窗格中，度量值前面均有 ▦ 图标，通过新建度量值，可存放业务逻辑上一些需要通过一定运算得出的数值，如销售额或同比等。报表视图页面使用"可视化"窗格中的可视化图表，则可以对度量值进行可视化展示。构建度量值主要通过 DAX 公式函数实现，此外，某些情况下，有些函数比较难记，如 TOTALYTD 函数，也可以选择快速度量值方式构建，如图 5-50 所示。

图 5-50　快速度量值入口

【案例实操 5-13】 打开第 5 章案例 \ DAX 高阶函数案例 \ 电器销售统计表 . pbix。要求：统计累计销售额同比。此案例在前面介绍 TOTALYTD 函数时有详细讲解，如果不通过 TOTALYTD 函数实现，可以通过"快度量值"的功能快速完成，操作步骤如下。

步骤 1：数据视图下，选择菜单栏上的"快度量值"，出现图 5-51 所示的对话框。

图 5-51 "快度量值"对话框

步骤 2：将"计算"设为"本年迄今总计"，将"产品销售明细表"中的"总销量"拖动到"基值"文本框中，将"日期表"中的"日期"拖动到"日期"文本框中，如图 5-52 所示。

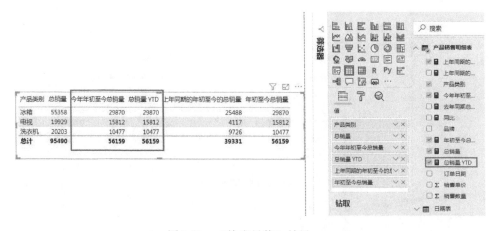

产品类别	总销量	今年年初至今总销量	总销量 YTD	上年同期的年初至今的总销量	年初至今总销量
冰箱	55358	29870	29870	25488	29870
电视	19929	15812	15812	4117	15812
洗衣机	20203	10477	10477	9726	10477
总计	95490	56159	56159	39331	56159

图 5-52 "快度量值"结果

步骤 3：单击"确定"按钮，即可生成新的度量值"总销量 YTD"，与 TOTALYTD 函数功能结果一样. 然后切换到报表视图，将度量值"总销量 YTD"拖入到"值"中，结果如图 5-52 所示。

5.4　创建计算列

计算列是通过引用其他列或其他列数据的运算结果而创建的新列，可转换或合并现有数据表中的两个或多个列，也可以使用 DAX 函数建立新列。

当两个表之前没有可建立关系的列时，使用新建列功能及 DAX 公式可连接表中两个不相关的列，或者提取列，从而为两个表建立数据关系。

计算列是通过"建模"选项卡的"计算组"中单击"新建列"按钮，来生成新列。例如：在"产品销量统计表.pbix"中新建列"销售额"，如图 5-53 所示。

订单日期	品牌	产品类别	销售数量	销售单价	累计销售额	当前产品累计销售量	销售额
2020年4月18日	MDM	冰箱	6	4200	15957310	3305	25200
2020年4月26日	MDM	冰箱	6	4200	19292770	3895	25200
2020年5月9日	MDM	冰箱	6	4200	23577880	4775	25200
2020年5月12日	MDM	冰箱	6	4200	24952180	5055	25200
2020年5月17日	MDM	冰箱	6	4200	26477350	5375	25200
2020年6月2日	MDM	冰箱	6	4200	32146060	6575	25200
2020年6月13日	MDM	冰箱	6	4200	35949130	7375	25200
2020年6月28日	MDM	冰箱	6	4200	42252700	8528	25200
2020年7月4日	MDM	冰箱	6	4200	45284380	9077	25200
2020年7月10日	MDM	冰箱	6	4200	49189300	9581	25200
2020年7月11日	MDM	冰箱	6	4200	49699000	9656	25200
2020年7月16日	MDM	冰箱	6	4200	52532500	10061	25200

公式栏：1 销售额 = [销售单价]*[销售数量]

图 5-53　新建列

5.5　创建计算表

计算表，即构建新表，基于已加载到模型中的数据，通过合并、联接、提取等函数，构建出新的数据表。此数据表属于数据建模的核心内容，常被用来用作维度表。计算表的实际应用场景主要有三个：

1）构建新的明细表 – Union 函数合并多个表。

2）ADDCOLUMNS/CALENDAR 函数创建日期表。

3）SUMMARIZE 创建新表。

5.5.1　UNION 函数合并多表

UNION 函数是将导入到 Power BI Desktop 中的多个相同列数量的表合并成一个新表，语法格式为：UNION（列表达式 1，列表达式 2，列表达式 N，…）。参数比较简单，返回的是一个表的 DAX 公式，通常是参与合并的表名。UNION 函数在合并多表时需要遵循以下规则。

1）要合并的多个表的列数量和列顺序必须相同。因此，各表对应的列要具有相同的数据类型。

2）要合并的多个表的列名可以不一致，默认以第一个表的列名作为新表的列名。

3）要合并的多个表最终是依次拼接在后面，不会自动汇总，重复的行会被保留。

【案例实操 5-14】 打开第五章案例\ 计算表\ UNION 合并新表 . pbix。数据导入 Power BI Desktop 后，在数据建模界面切换到"数据视图"，单击选项卡上的"新建表"，输入公式："合并表 = UNION（'1 月'，'2 月'，'3 月'，'4 月'，'5 月'，'6 月'）"，合并结果如图 5-54 所示。

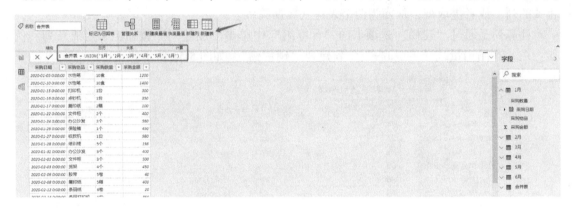

图 5-54　UNION 合并新表

5.5.2　ADDCOLUMNS/CALENDAR 函数创建日期表

Power BI 中经常要使用同比、环比分析数据，这就需要构建日期表作为维度表，而数据模型中往往没有日期表，因此需要使用多个 DAX 函数去构建一个新的日期表，此日期表作为维度表，与其他事实表构建一对多的关系，从未实现同比与环比等计算。

构建日期表主要涉及 ADDCOLUMNS、CALENDAR、FORMAT 及一些比较简单的函数。下面先介绍 ADDCOLUMNS、CALENDAR、FORMAT 的基本用法。

- ADDCOLUMNS 函数。顾名思义，主要用于给指定的新表添加计算列。语法格式为：ADDCOLUMNS（要添加新列的表，新列 1 的列名，添加新列 1 的表达式，新列 2 的列名，添加新列 2 的表达式，...）

- CALENDAR 函数。主要用于创建日期表。该表会创建一个从指定日期到结束日期的新表。语法格式为：CALENDAR =（开始日期，结束日期）。

- FORMAT 函数。用于将指定列中的数据转换为指定格式。语法格式为：FORMAT（要转换格式列的列名，带有格式化模板的字符串）。

【案例实操 5-15】 打开第 5 章素材\ 计算表\ 构建日期表 . pbix，要求构建一个从 2020

年到 2021 年的日期表，并且有年度、季度、月份、年月等列。操作步骤如下：

步骤 1：启动新建表功能，在公式编辑栏输入公式："日期表 = ADDCOLUMNS（

```
CALENDAR(DATE(2019,1,1),DATE(2020,12,31)),
"年度",YEAR([Date]),
"月份",FORMAT([Date],"MM"),
"年月",FORMAT([Date],"YYYY/MM"),
"季度","Q"&FORMAT([Date],"Q"),
"年份季度",FORMAT([Date],"YYYY")&"/Q"&FORMAT([Date],"Q"))"
```

注意，由于公式很长，为便于理解，可在输入公式时，通过〈Alt + Enter〉组合键在公式中换行，新建的日期表如图 5-55 所示。

图 5-55　CALENDAR 函数构建日期表

Tips小贴士

创建日期表，其实有两个函数，一个是上述的 CALENDAR，属于手动创建日期表；另外一个函数是 CALENDARAUTO，是自动识别数据中涉及的日期范围生成日期表。打开第五章案例＼计算表＼CALENDARAUTO 构建新表.pbix，根据订单明细表中的订单日期，构建新的日历表，输入公式："自动获取明细表中的日期构建新表 = CALENDARAUTO（）"，生成的结果如图 5-56 所示。

图 5-56　使用 CALENDARAUTO 函数构建新表

5.5.3 SUMMARIZE 创建新表

SUMMARIZE 主要用来汇总统计，返回的是一个汇总表，类似 Excel 透视表功能。它的参数很多，非常复杂和难以理解，有些参数都是可选的、可重复的，可以根据实例来理解它的用法。SUMMARIZE 函数的应用场景主要用来提取维度表和返回汇总表。

1. 场景一：提取维度表

返回的是一个不重复的列表，功能和 VALUES 类似。用途：提取维度表。打开第 5 章素材＼计算表＼发货明细表＼pbix，构建新表，输入公式："产品组列表 = SUMMARIZE（'发货明细表', '发货明细表'［产品组名称])"，结果如图 5-57 所示，提取的是不重复的产品组名称。

图 5-57　提取维度表

2. 场景二：返回汇总表

SUMMARIZE 参数后面带上列名和表达式时，它会自动计算并返回分组的汇总表，这是实际工作中最有意义的用法。语法格式一般为：SUMMARIZE（表，列名 1，列名 2，列名 N，新的表达式自定义列名名称，表达式）。

输入公式："汇总表 = SUMMARIZE（'发货明细表', '发货明细表'［省份]，'发货明细表'［运输方式]，"商品数量合计"，SUM（'发货明细表'［商品数量]))"，汇总结果如图 5-58 所示。

省份	运输方式	商品数量合计
上海	公路专线	174395
江西	公路专线	69944
湖北	公路专线	82190
宁夏	公路专线	7988
福建	公路专线	79129
四川	公路专线	126580
安徽	公路专线	93739
浙江	公路专线	221663
甘肃	公路专线	17731
江苏	公路专线	298221
内蒙古	公路专线	25704
北京	公路专线	333461
重庆	公路专线	64831
河北	公路专线	124218
陕西	公路专线	94649
山东	公路专线	266371
深圳	公路专线	101335
广东	公路专线	244206
辽宁	公路专线	67988
湖南	公路专线	89213
黑龙江	公路专线	47850

公式栏：汇总表 = SUMMARIZE('发货明细表','发货明细表'[省份],'发货明细表'[运输方式],"商品数量合计",SUM('发货明细表'[商品数量]))

图 5-58　汇总表

5.5.4　ROW/BLANK 函数创建空表

当创建的度量值较多时，查找起来并不方便，为便于使用和管理度量值，可新建一个空表，专门集中放置度量值。新增空表，一般用 ROW 与 BLANK 函数组合实现。ROW 函数用于返回一个只有一行的表，其语法格式为：ROW（新行的列的列名，新行的列值表达式）。BLANK 函数用于返回空白值，该函数没有参数，语法格式为：BLANK( )。

打开第 5 章素材 \ 计算表 \ 发货明细表 \ pbix，建模界面启动"新建表"功能，公式编辑栏中输入公式"存放度量值空表 = ROW（"度量值"，BLANK( )）"，结果如图 5-59 所示。此外，在"主页"选项卡下单击"新建表"按钮，也可以新增空表。

图 5-59　ROW/BLANK 函数创建空表

Tips小贴士

如果要将度量值移动到新表或其他数据表中，需要先选中目标度量值，然后在菜单栏中找到"度量工具"选项卡，单击"主表"按钮，在展开的列表中选择要移动到的空表或数据表，如图5-60所示。

图5-60　度量值移动到空表或其他数据表

5.6　综合案例：零售店铺客户信息表数据建模

零售行业越来越注重私域流量的获取与运营，对获取的一手客户信息进行数据分析与建模是客户关系管理的重点。本案例取自某零售店铺半年的客户信息源数据，需要对客户的数据进行建模与分析，要求如下。

1）将"会员等级表"与"店铺客户信息表"建立关系；

2）在"店铺客户信息表"中新增新列"客户昵称"；

3）求"店铺客户信息表"中的客户的平均年龄；

4）将"店铺客户信息表"中的客户年龄分成4组：40岁及以上，大于或等于30岁并且小于40岁，大于或等于20岁并且小于30岁，20岁以下。

结合本章学习到的相关 DAX 函数，本案例需要用到诸如 RELATED、COUNTROWS、AVERAGE、 YEARFRAC、 FLOOR、CALCULATETABLE 等函数。打开第5章素材\综合案例–零售店铺客户信息表.pbix，操作步骤如下：

步骤1：切换到"关系视图"，将"会员等级表"中的"会员等级"字段拖拽到"店铺客户信息表"中的"会员等级"字段，此时"会员等级表"和"店铺客户信息表"之间建立了一对多关系，结果如图5-61所示。

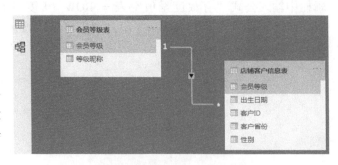

图5-61　维度表"会员等级表"与事实表
"店铺客户信息表"构建一对多关系

步骤 2：切换到“数据视图”，选择“店铺客户信息表”，菜单栏选择“新建列”，输入公式：“客户昵称 = RELATED（'会员等级表'［等级昵称］）”，结果如图 5-62 所示。

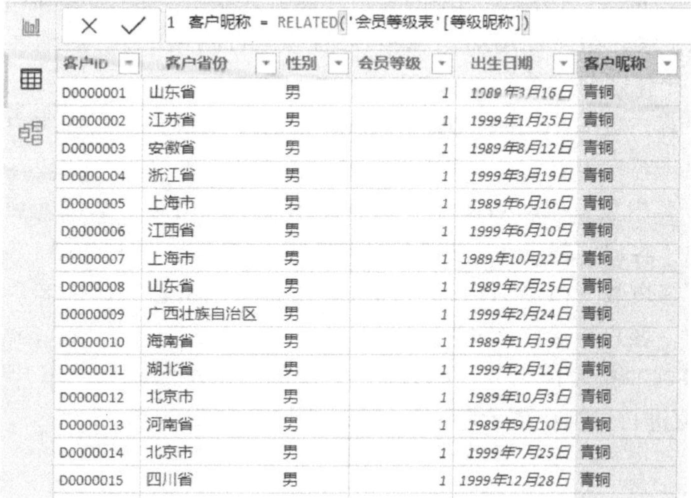

客户ID	客户省份	性别	会员等级	出生日期	客户昵称
D0000001	山东省	男	1	1989年3月16日	青铜
D0000002	江苏省	男	1	1999年1月25日	青铜
D0000003	安徽省	男	1	1989年8月12日	青铜
D0000004	浙江省	男	1	1999年3月19日	青铜
D0000005	上海市	男	1	1989年6月16日	青铜
D0000006	江西省	男	1	1999年6月10日	青铜
D0000007	上海市	男	1	1989年10月22日	青铜
D0000008	山东省	男	1	1989年7月25日	青铜
D0000009	广西壮族自治区	男	1	1999年2月24日	青铜
D0000010	海南省	男	1	1989年1月19日	青铜
D0000011	湖北省	男	1	1999年2月12日	青铜
D0000012	北京市	男	1	1989年10月3日	青铜
D0000013	河南省	男	1	1989年9月10日	青铜
D0000014	北京市	男	1	1999年7月25日	青铜
D0000015	四川省	男	1	1999年12月28日	青铜

图 5-62　RELATED 匹配引用“等级昵称”

步骤 3：在“店铺客户信息表”，菜单栏选择“新建列”，输入公式：“客户年龄 = FLOOR（YEARFRAC（'店铺客户信息表'［出生日期］，NOW( )），1）”，结果如图 5-63 所示。

注意：FLOOR 函数表示向下取整，返回将数字向下舍入到最接近的整数或第 2 个参数的最接近倍数，例如 FLOOR（9.86，0.05），返回结果为 9.85；FLOOR（9.86，1），返回结果为 9。

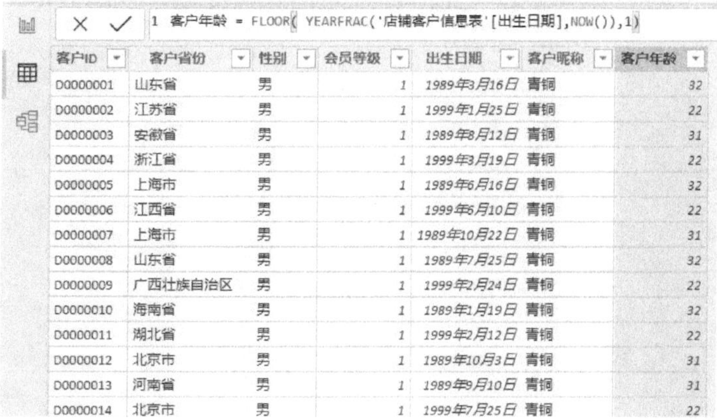

客户ID	客户省份	性别	会员等级	出生日期	客户昵称	客户年龄
D0000001	山东省	男	1	1989年3月16日	青铜	32
D0000002	江苏省	男	1	1999年1月25日	青铜	22
D0000003	安徽省	男	1	1989年8月12日	青铜	31
D0000004	浙江省	男	1	1999年3月19日	青铜	22
D0000005	上海市	男	1	1989年6月16日	青铜	32
D0000006	江西省	男	1	1999年6月10日	青铜	22
D0000007	上海市	男	1	1989年10月22日	青铜	31
D0000008	山东省	男	1	1989年7月25日	青铜	32
D0000009	广西壮族自治区	男	1	1999年2月24日	青铜	22
D0000010	海南省	男	1	1989年1月19日	青铜	32
D0000011	湖北省	男	1	1999年2月12日	青铜	22
D0000012	北京市	男	1	1989年10月3日	青铜	31
D0000013	河南省	男	1	1989年9月10日	青铜	31
D0000014	北京市	男	1	1999年7月25日	青铜	22

图 5-63　求客户年龄

步骤 4：在"店铺客户信息表"中新建度量值，输入公式："客户平均年龄 = AVERAGE（'店铺客户信息表'［客户年龄]）"。

步骤 5：将"店铺客户信息表"中的客户年龄分成 4 组，需要新建以下 4 个度量值：

- 40 岁及以上客户数 = COUNTROWS（CALCULATETABLE（'店铺客户信息表'，'店铺客户信息表'［客户年龄］ > =40））
- 30~40 岁客户数 = COUNTROWS（CALCULATETABLE（'店铺客户信息表'，'店铺客户信息表'［客户年龄］ > =30&& '店铺客户信息表'［客户年龄］ <40））
- 20~30 岁客户数 = COUNTROWS（CALCULATETABLE（'店铺客户信息表'，'店铺客户信息表'［客户年龄］ > =20&& '店铺客户信息表'［客户年龄］ <30））
- 20 岁以下客户数 = COUNTROWS（CALCULATETABLE（'店铺客户信息表'，'店铺客户信息表'［客户年龄］ <20））

步骤 6：切换到"报表视图"，在右侧"可视化"窗格中选择"卡片图"，对步骤 4 和步骤 5 中的度量值进行可视化展示验证，结果如图 5-64 所示。

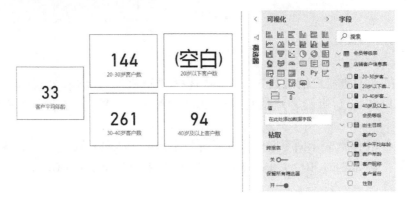

图 5-64 可视化展示

一图胜千言——Power BI 数据可视化

引言：文不如表，表不如图。通过可视化图表工具，可以形象直观地对数据进行探索分析，洞察数据背后的真相。本章以鲜花门店会员信息数据为例，从图表选择原则、常见可视化图表、自定义第三方组件图表、图表美化、图表的筛选、钻取、交互、书签等方面介绍数据可视化的相关知识。通过本章内容的学习，读者将会掌握如下几个方面的知识点：

（1）掌握根据不同的业务场景选择相应的图表类型；

（2）熟练掌握常用的可视化常规（内置）图表的构建方法；

（3）熟练掌握常用的第三方图表组件的引用、构建方法；

（4）了解图表的布局美化原则和方法；

（5）掌握图表的四种交互式分析方法。

6.1 图表选择的原则

创建可视化图表是数据分析的最后一步，也是数据分析结果落地最关键的一步。合适的图表，能从不同角度挖掘数据背后的意义，满足不同用户对数据洞察的需求。在创建可视化图表时，需要遵循如下原则：

1）尽量使用常用图表。如柱形图、折线图、饼图、环形图等常规图表。

2）图表色彩尽量丰富，但不宜过多，推荐同色系。

3）适当使用图表背景色并分隔图表。

4）图表要设置升序或降序，显得规整。

5）重点关注图表的应用场景和局限性。

6.1.1 基于场景选择图表

Power BI 提供了 200 多种可视化图表，每种图表都有其自身特点，不同类型的图表展示数据的侧重点不同，选择合适的图表可以更好地进行数据分析可视化。面对几百种图表，在什么场景下使用何种图表就成了难题。其实，可以根据数据分析的目的和应用场景，将各种可视化图表归纳为对比分析类、结构分析类、描述性分析类、KPI分析类、地图应用类以及相关分析类，如图6-1所示。当Power BI自带的可视化图表无法满足需求时，可在微软官方应用商店中引用第三方可视化图表。

图6-1　可视化图表应用场景分类

6.1.2　合理布局图表元素

选择合适的图表后，就需要对图表的基本元素进行设置，通过调整图表元素可使图表的外观更加美观和专业。Power BI图表的基本元素包括标题、坐标轴、图例、背景、颜色、字体大小、边框、辅助线等。对图表元素的处理，一般在选中图表后板表视图的最右侧"格式"栏进行，如图6-2所示。

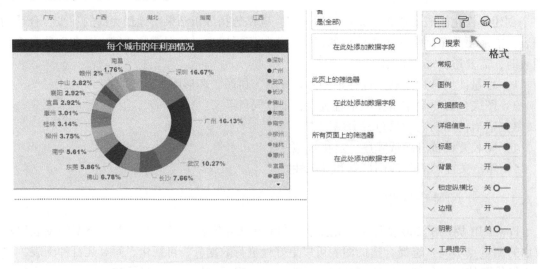

图6-2　图表元素的设置入口

当选择不同的图表时，"格式"栏中的图表元素会有一些差异。如图 6-2 所示，当选择环形图时，"格式"栏中主要有图例、颜色、标题、背景等图表元素，当选择如图 6-3 所示的旋风图时，"格式"栏中出现了 X 轴、组等新的图表元素。在后面章节对各种图表进行实操时，读者会深刻体会到这种差异性。

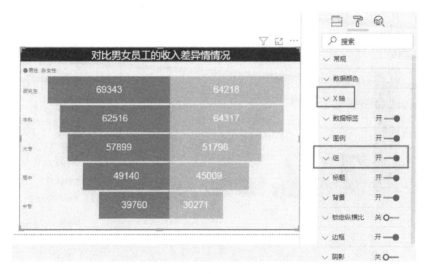

图 6-3 旋风图"格式"栏

6.2 常用的可视化内置图表

Power BI 提供了自带的 20 多种默认的内置图表，这些图表可以直接使用，主要有堆积条形图、堆积柱形图、簇状条形图、簇状柱形图、百分比堆积条形图、百分比堆积柱形图、折线图、分区图、堆积面积图、折线和堆积柱形图、折线和簇状柱形图、功能区图表、瀑布图、散点图、饼图、环形图、树状图、地图、着色地图、仪表、卡片图、多行卡、KPI、切片器、表、矩阵、分解树等，随着 Power BI 版本的不断更新，内置图表还会不断增加。

6.2.1 柱形图和条形图

1. 柱形图

● 应用场景用于对比分析，显示一段时间内的数据变化或显示各项之间的比较情况。

● 分类：

1）簇状柱形图。用于比较各个类别的值，或用于比较各个类别数占总类别数的百分比大小。

2）堆积柱形图。用于显示单个项目与整体之间的关系。

3）百分比堆积柱形图。用于比较各个类别数占总类别数的百分比大小。

【案例实操6-1】 打开第 6 章素材 \ 柱形图和条形图 \ 员工信息登记表 . pbix，要求制作簇状柱形图和堆积柱形图，展示各地区的员工性别分布。

操作步骤如下：

步骤 1：切换到"报表视图"，单击"可视化"窗格中的"簇状柱形图"图标，在"字段"窗格中分别选中"籍贯""性别""姓名的计数"三个字段，结果如图 6-4 所示。

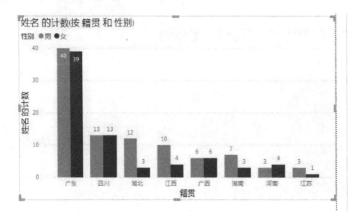

图 6-4　选中对应字段

步骤 2：调整美化簇状柱形图。在"格式"列表中进行如下操作。

① 将图例的状态设置为"开"，文本大小设为"12"。

② 将 X 轴和 Y 轴文本大小都设为"12"，标题都设为"关"。

③ 单击数据颜色下的"男"下拉按钮，弹出颜色下拉列表，可以选择各种颜色，也可以设置自定义颜色。

④ 将标题的标题文本修改为"各地区的员工性别分布"，字体颜色设为"白色"，背景色设为"黑色60%"，对齐方式设为"居中"，文本大小设为"16"，字体系列设为"Arial Blank"。将数据标签设置为"开"，边框设为"开"，设置完成的簇状柱形图结果如图 6-5 所示。

步骤 3：在报表视图中，复制粘贴上述图 6-5 所示的簇状柱形图，选中该图，然后在"可视化"窗格中选中"堆积柱形图"图标，将其转换为堆积矩形图，结果如图 6-6 所示。可以看到，堆积柱形图和簇状柱形图的格式设置是一致的。因此，当需要制作另外一张可视化图表时，通过复制已经制作好的图表，可将该图表的格式设置也同步复制过来，不用再重复设置，大大提升了制图效率。

2. 条形图

- 应用场景：用于对比分析。通常显示多数项目之间的比较情况，适用于当维度分类较多，而且维度字段名称又较长时的情景。
- 分类：簇状条形图、堆积条形图和百分比堆积条形图，含义同柱形图。

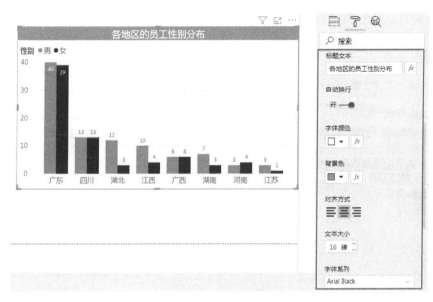

图 6-5　簇状柱形图

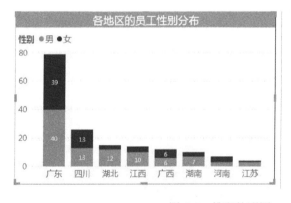

图 6-6　堆积柱形图

【案例实操6-2】　打开第 6 章素材 \ 柱形图和条形图 \ 员工信息登记表 .pbix，要求展示各部门的员工人数和性别分布情况。操作步骤如下：

步骤 1：切换到"报表视图"，复制一份上述图 6-6 所示的堆积柱形图，单击"可视化"窗格中的"簇状条形图"图标，将该图表转换为柱形图结果如图 6-7 所示。

步骤 2：在"字段"窗格中，将"轴"下方

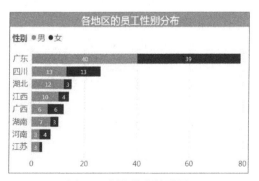

图 6-7　制作堆积柱形图

的"籍贯"删除，然后将"部门"字段拖动到"轴"下方，结果如图 6-8 所示。

步骤 3：单击数据颜色下的"女"下拉按钮，弹出颜色下拉列表，选择浅黄色。将标题的标题文本修改为"各部门员工性别分布情况"，结果如图 6-9 所示。

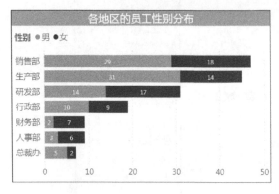

图 6-8 修改"字段"窗格选项

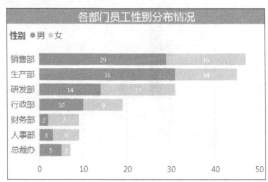

图 6-9 调整后的堆积条形图

6.2.2 饼图和环形图

1. 饼图

- **应用场景**：用于展示有限类别的百分比。
- **制图要点**：没有坐标轴，图例相当于坐标轴。

【案例实操6-3】 打开第 6 章素材 \ 饼图和环形图 \ 省份利润表 . pbix，构建的各地区利润占比的饼图。操作步骤如下：

步骤 1：切换到"报表视图"，单击"可视化"窗格中的"饼图"图标，选择相应字段拖动至"可视化"窗格"字段"栏下方，此时"报表视图"中出现的饼图如图 6-10 所示。

步骤 2：调整美化饼图。在"格式"列表中进行如下操作。

① 将图例的状态设置为"关"，文本大小设为"12"。

② 将数据颜色下的广东设为"大红"，广西的颜色设为"浅红"，其他地区保持默认。

图 6-10 构建饼图

③ 将详细信息标签下的标签样式设为"类别，总百分比"，显示单位设为"无"，如图 6-11 所示。将标题文本修改为"各省份利润占比情况"，字体颜色设为"白色"，背景色设为"黑色"，对齐方式设为"居中"，文本大小设为"14"，字体系列设为"Arial Blank"，结果如图 6-12 所示。

图 6-11　标签设置

图 6-12　标题设置

④ 将边框设为"开",其他选项保持默认,拖动饼图边框调整到合适大小,调整后的饼图如图 6-13 所示。

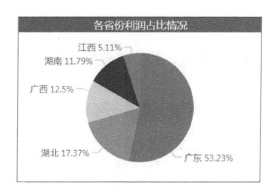

图 6-13　调整后的饼图

2. 环形图

- **应用场景**：类似于饼图,不同的是环形图将数据表示为环形切片,能够展示分类的占比情况,如：用于销售数据按季节统计,可查看度量值随时间变化的整体趋势。可实现多个数据的对比或某一数据内部细分出来的每个系列值的对比。
- **制图要点**：分类过多的场景或分类占比差别不明显的场景不适合使用环形图,此时选择柱形图更加合适。

【案例实操 6-4】 打开第 6 章素材 \ 饼图和环形图 \ 省份利润表 . pbix，构建各地区利润占比的环形图，并按照省份切片器筛选。操作步骤如下：

步骤 1：复制粘贴一份上例制作的饼图，此时，饼图的格式设置也复制过来了，然后选中该饼图，单击 "可视化" 窗格中的 "环形图" 图标，将其转换为环形图，然后将形状下的内半径设为 60，标题文本修改为 "各地区利润占比情况"，结果如图 6-14 所示。

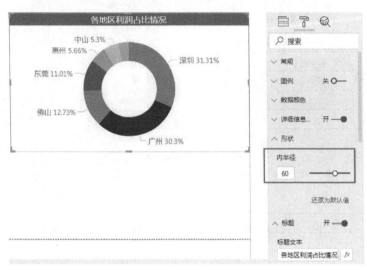

图 6-14 复制饼图转化为环形图

步骤 2：将图例中的 "省" 替换成 "市"，并插入 "切片器"，将 "省份" 字段拖入切片器，结果如图 6-15 所示。

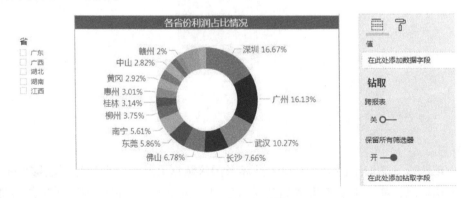

图 6-15 插入切片器

步骤 3：选中切片器，在 "格式" 列表中将常规选项下的方向设为 "水平"，删除切片器标头下的标题文本默认的 "省"，边框设为 "开"，推动切片器边框调整到合适大小，最终结果如图 6-16 所示。

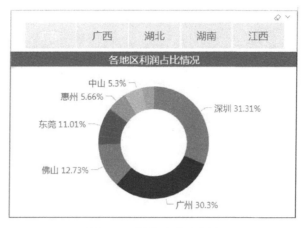

图 6-16　调整后的环形图

Tips小贴士

饼图和环形图本质上是一样的，只是形式上的区别。饼图是将圆形按分类切片来说明各分类的数据所占比例的图表，每个切片面积与其所代表的数量成正比。环形图有内半径，从而形成一个环形，用不用颜色区分不同分类，显示各分类数据占数据总量的比例。饼图和环形图的缺点是无法进行数据向下钻取。

6.2.3　散点图

- **应用场景**：主要用于研究两个变量之间相关性，如相关性分析，适合较少维度数据间的比较。
- **制图要点**：和 Excel 的气泡图类似，有 X 轴、Y 轴、气泡大小 3 个坐标，如图 6-17 所示。各字段属性说明如下：

1）详细信息（Details）：用于显示明细的字段。

2）图例（Legend）：用于显示具有颜色的分类字段。

3）X 轴（X Axis）：需要放置于 X 轴的字段。

4）Y 轴（Y Axis）：需要放置于 Y 轴的字段。

5）大小（Size）：用于确定值大小的字段。

6）播放轴（Play Axis）：用于播放动画效果的字段。

【案例实操 6-5】　打开第 6 章素材 \ 散点图 \ 散点 - 销售任务完成情况表 . pbix，制作散点图，分析已购买客户数量和销售额之间的关系。操作步骤如下：

步骤 1：单击"可视化"窗格中的"散点图"图标，选中字段并拖动至相应位置，如图 6-18 所示。

图 6-17　散点图属性选项

步骤 2：在格式栏中，对字体、背景色、对齐方式、文本大小、字体系列进行设置，如图 6-19 所示。

图 6-18　属性选项设置　　　　　图 6-19　格式设置

步骤 3：格式栏中类别标签设为"开"，边框设为"开"，调整散点图大小，最终结果如图 6-20 所示。

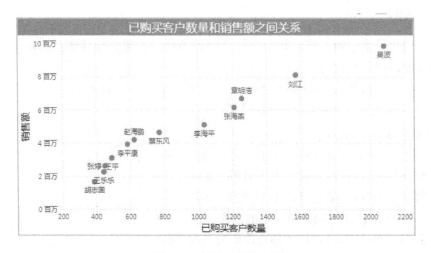

图 6-20　调整后的散点图

6.2.4　组合图

- 应用场景：组合图，主要有折线 – 簇状柱形图组合和折线 – 堆积柱形图组合，是在同一维度上通过折线和簇状柱形图进行不同度量间的对比展示，一般用折线表示目标或基准，可以让图表更加清晰明确。

- 要点：组合图的字段属性选项主要有共享轴、列序列、列值及行值，各字段含义如下：

  1）共享轴：按照 X 轴共用的字段展示。

  2）列序列：表示具有不同颜色的系列字段。

  3）列值：柱形图体现的度量值。

  4）行值：折线图体现的度量值。

【案例实操 6-6】 打开第 6 章素材 \ 折线 – 柱形组合图 \ 手机销售统计 . pbix，构建折线 – 柱形图组合，分析不同年份下，各种品牌手机的销量，并且按照品牌切换展示销量变化。操作步骤如下：

步骤 1：单击"可视化"窗格中的"折线 – 柱形图"图标，选中字段并拖至相应位置，如图 6-21 所示。

步骤 2：在格式栏中，对标题文本、字体、背景色、对齐方式、文本大小、字体系列进行设置，如图 6-22 所示。

图 6-21　字段选项设置

图 6-22　格式设置

步骤 3：插入切片器，选中"品牌"字段，边框设为"开"，调整折线 – 柱形图大小，最终结果如图 6-23 所示。

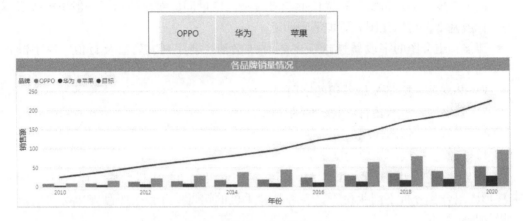

图 6-23　折线 – 柱形图展示效果

6.2.5　漏斗图

- 应用场景：漏斗图本质上是一个倒三角形的条形图，它适用于业务流程比较规范、周期长、环节多的流程分析，通过漏斗图对各环节业务数据进行比较，能够直观地分析各业务环节中哪些出了问题，互联网行业和电商平台经常用漏斗图来分析流量的转化情况。

学习视频 17

- 制图要点：常规漏斗图制作相对简单，需要注意的是，漏斗图适合有逻辑顺序的分类对比数据，并且数据量太大的数据不适合用漏斗图。

【案例实操 6-7】　打开第 6 章素材 \ 漏斗图 \ 客户签约统计表 . pbix，制作反映客户从洽谈到签约全过程的漏斗图。操作步骤如下。

步骤 1：单击"可视化"窗格中的"漏斗图"图标，选中相应字段，如图 6-24 所示。

图 6-24　属性选项设置

步骤 2：在格式栏中，将类别标签设为"开"，数据颜色设为"蓝色"，数据标签设为"开"，标签样式设为"第一个的百分比"，显示单位设为"无"，如图 6-25 所示。

　　步骤 3：对标题文本、字体、背景色、对齐方式、文本大小进行设置，如图 6-26 所示，字体序列设为"Arial Blank"。边框设为"开"，鼠标调整漏斗图大小，最终结果如图 6-27 所示。可以看出，客户签约转化率较高（43.8%）。

図 6-25　数据格式设置　　　　　　　图 6-26　标题格式设置

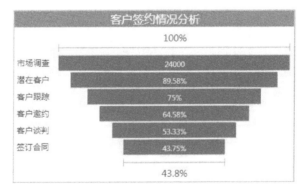

图 6-27　漏斗图展示结果

6.2.6　树状图

- **应用场景**：树状图适用类别较多的场景，可以清晰地显示树状层次结构，从图表中可以直观地看到每一层类别和整体类别的比例，在展示横跨多个粒度的数据信息时非常方便，能从图表中直观看到谁大谁小。
- **制图要点**：树状图制作相对简单，主要有三个字段选项，如图 6-28 所示，各字段含义如下：

图 6-28　树状图字段选项

1）组：从图表中根据实际分组字段大小按比例进行区块划分。

2）详细信息：可在分组区块里进行再次分组。

3）值：图形大小所依据的值。

【案例实操 6-8】 打开第 6 章素材 \ 树状图 \ 省份利润表 . pbix，制作树状图，反映各省的利润高低分布情况。操作步骤如下。

步骤 1：单击"可视化"窗格中的"树状图"图标，选中字段拖至相应位置，如图 6-29 所示。

图 6-29　设置树状图字段选项

步骤 2：在格式栏中，将图例设为"关"，数据颜色选项下可以修改每个分类的颜色，数据标签设为"开"，数据标签下方的显示单位设为"无"，类别标签设为"开"，如图 6-30 所示。

图 6-30　图例和数据标签设置

步骤 3：设置标题文本、字体、背景色、对齐方式、文本大小，如图 6-31 所示，字体序列设为"Arial Blank"。边框设为"开"，鼠标调整树状图大小，最终结果如图 6-32 所示。可以看出，广东的年利润最高（其中深圳和广州贡献最多），其次是湖北。

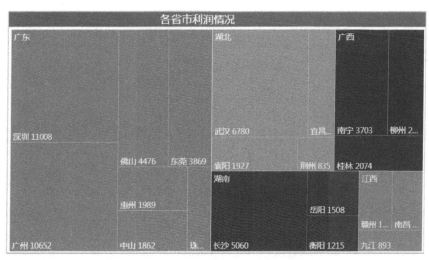

图 6-31　标题格式设置　　　　　　　　　　　　　图 6-32　树状图展示效果

6.2.7　瀑布图

- **应用场景**：瀑布图主要用于财务分析，成本分析等场景，结构化比较，用于解释受增量或减量影响的实体数据值之间逐渐过渡的过程，中间增量和减量由浮动列表示，并通过不同的颜色区分正值和负值。瀑布图可以清晰地展示每个影响因子的增减对总量的影响。

学习视频 18

- **制图要点**：瀑布图从左侧第一根柱子表示基数，最后一根柱子表示最终的结果。中间的柱子表示变动数据，向上的柱子表示增加，向下的柱子表示减少。

【**案例实操 6-9**】　打开第 6 章素材 \ 瀑布图 \ 各城市同比情况 .pbix，制作瀑布图，分析各个城市的同比差异情况。操作步骤如下。

步骤 1：单击"可视化"窗格中的"瀑布图"图标，选中字段拖至相应位置，如图 6-33 所示。

步骤 2：在格式栏中，将 Y 轴开始值设为 40，结束值设为 48，如图 6-34 所示。将数据标签设为"开"，情绪颜色可以自定义修改为各种颜色，如图 6-35 所示。

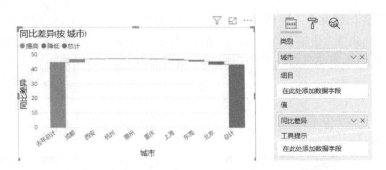

图 6-33　设置字段选项

图 6-34　Y轴刻度设置　　　　　图 6-35　标签和颜色设置

　　步骤 3：格式栏中，设置标题文本、字体、背景色、对齐方式、文本大小，字体序列设为"Arial Blank"。边框设为"开"，调整瀑布图大小，最终结果如图 6-36 所示。可以看出，成都当月同比增幅最大，北京当月同比降幅最大。

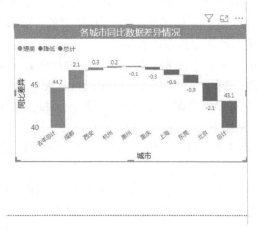

图 6-36　瀑布图

6.2.8　卡片图和多行卡

- 应用场景：卡片图用单一数据形式展示某一个值，常常用于展示或者检验单一重要指标。卡片图通常放在页面顶部比较醒目的位置。如果单一数据出现在仪表盘上，一般作为重要指标展现在前面的醒目位置。多行卡即是多行卡片图，可以展示某分类下的多个值。
- 制图要点：卡片图是展现某一个特定的重要的值，一般先要新建度量值，然后将度量值拖拽到卡片图字段中。也可以直接拖入某个字段到卡片图中。

【案例实操 6-10】　打开第 6 章素材 \ 卡片图和多行卡 \ 卡片图 . pbix，制作卡片图，分析收入情况，并用多行卡展示不同工作类型的收入情况。操作步骤如下。

步骤 1：单击"可视化"窗格中的"卡片图"图标，选中"收入"字段，如图 6-37 所示。

图 6-37　设置卡片图字段

步骤 2：设置卡片图格式，对数据标签下方的颜色、显示单位、文本大小、字体序列进行设置，边框设为"开"，结果如图 6-38 所示。

步骤 3：单击"可视化"窗格中的"多行卡"图标，选择相应字段，如图 6-39 所示。

图 6-38　设置卡片图数据标签

图 6-39　多行卡字段设置

步骤 4：分别设置数据标签和卡标题下方的颜色、文本大小和字体序列，如图 6-40 和图 6-41 所示。同时对标题文本、字体颜色、背景色、对齐方式进行设置，字体序列设为"Arial Blank"，如图 6-42 所示。

图 6-40　数据标签设置　　　　图 6-41　卡标题设置　　　　图 6-42　标题设置

步骤 5：将卡片图下面的边框设为"框架"，轮廓线粗细设为"1"，数据条颜色设为"灰色"。将类别标签设为"关"，背景色设为淡蓝，边框设为"开"，调整多行卡大小，最终结果如图 6-43 所示。

图 6-43　多行卡

6.2.9　表和矩阵

- 应用场景：表和矩阵是以表格的形式呈现明细数据，提供了简单的汇总功能，类似 Excel 数据透视表。表和矩阵统计的结果可以导出为 CSV 文件，使用 Excel 打开并编辑。

- 制图要点：表和矩阵是有区别的，表其实是一个二维统计表，类似 Excel 的分类汇总功能，有多个列标签，没有行标签；而矩阵是类似 Excel 的交叉透视表，只许可有一个行标签和一个列标签。在 Power BI 中，表和矩阵的属性选项分别如图 6-44 和图 6-45 所示。

图 6-44　表的属性选项　　　　　　图 6-45　矩阵的属性选项

【案例实操 6-11】　打开第 6 章素材 \ 表和矩阵 \ 客户记录表 .pbix，分别插入表和矩阵，操作步骤如下。

步骤 1：单击"可视化"窗格中的"表"图标，选中对应的字段，如图 6-46 所示。还可以单击标题下的三角箭头或右上方的"…"，对某字段进行排序操作，如图 6-47 所示。

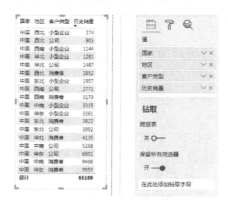 

图 6-46　表的属性选项　　　　　　图 6-47　对表中的字段进行排序

步骤 2：在格式栏选项下，可以根据需要对表进行格式设置，如标题、颜色、字体等，设置方法同前面讲到的方法类似，在此不再赘述，如图 6-48 所示。

步骤 3：鼠标选中报表视图中做好的"客户分布情况"表，再单击"可视化"窗格中的"矩阵"图标，可以看到上述的"客户分布情况"表转换成了矩阵，如图 6-49 所示。可以看到字段中分别有行标签和列标签。如果每个标签中有两个及以上字段，那么矩阵表上方会出现上下箭头，表示具有钻取功能。关于钻取，会在 6.5 节中详细讲述。

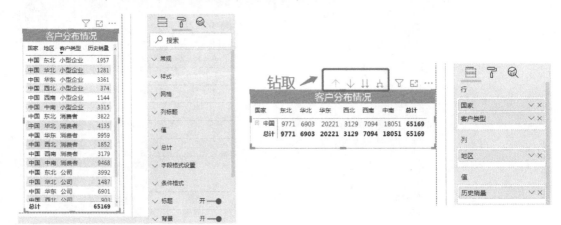

图 6-48　对表的格式进行设置　　　　　　　　　图 6-49　矩阵图

6.2.10　仪表

- **应用场景**：仪表（Gauge）通常用来反映某一指标的目标完成进度或者表示关键指标值 KPI。仪表简单直观，生动新颖，一般放在可视化图形整体布局的最前端。例如：跟踪销售团队销售金额是否达标（实际 VS 目标）。

学习视频 19

- **制图要点**：仪表是 Power BI Desktop 的内置图表，仪表无法显示完成率，并且无法根据数据是否达到标准值来自动改变颜色。

【案例实操 6-12】　打开第 6 章素材 \ 仪表 \ 改善后的达标率. pbix，构建改善后的实际值与目标值的对比仪表，操作步骤如下。

步骤 1：单击"可视化"窗格中的"仪表"图标，然后在"字段"窗格中勾选"实际值""目标"2 个字段，结果如图 6-50 所示。

步骤 2：调整仪表格式。选中仪表，切换到"格式"，对仪表进行修饰。将测量轴最大值设为 0；将数据颜色下方的填充设为蓝色，目标设为红色；将目标下的显示单位设为自动，文本设为 12；将标注值下方的颜色设为蓝色，显示单位设为自动；将标题下面的标题文字设为"改善后的实际达成值"，背景色设为橙色，居中对齐，文本大小设为 16，字体系列设为 Arial Blank；可以添加自定义背景色，加上边框，调整仪表大小，最终结果如图 6-51 所示。

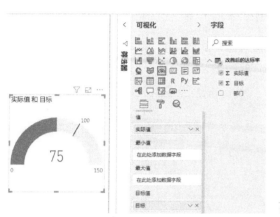

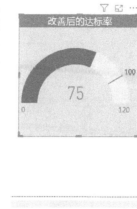

图 6-50　仪表的字段属性设置　　　　　图 6-51　仪表的格式设置及结果展示

6.3　第三方自定义图表

第三方自定义图表，也叫第三方可视化控件，是微软合作方开发的 Power BI 控件，有的控件需要收费，但大部分是免费的，都需要登录 Power BI 账号后才能使用。目前微软官方已经提供了至少 180 种以上的可视化图表供用户选择，其属性一般只包含字段属性和格式属性，所以每种控件都有其局限性。很多第三方组件没有中文界面，只有英文界面。本节将重点介绍使用较频繁、并且受到好评的一系列免费控件。

6.3.1　信息图

- **应用场景**：信息图（Infographic Designer）本质上就是柱形图/条形图的人物化图表，即将柱形或条形用丰富的人物/动物/风景等图标来表达，显得生动形象，有视觉吸引力。
- **制图要点**：

1）需要导入视觉对象。在应用商店中搜索"Infographic Designer"导入。

2）Category 是横轴类型，Measure 是度量。信息图上笔形图标是编辑标记，单击"Delete element"按钮可删除原有图标。

3）单击"Insert shape"按钮，可插入人物等各种图标。然后修改信息图类型为 Bar，在 Mark Designer 中设置 Multiple Units 为 On.

【案例实操 6-13】　打开第六章素材＼信息图＼销售完成情况 . pbix，构建销售经理销售额信息图。

步骤 1：单击"可视化"窗格中的"…"，选择"获取更多视觉对象"，或者在菜单栏上选择"更多视觉对象"→"从 AppSource",在弹出的对话框中输入"Infographic Designer",单击搜索图标,右侧出现了系列组件,单击第一个组件右侧的"添加"按钮,如图 6-52 所示,最终会提示导入成功。

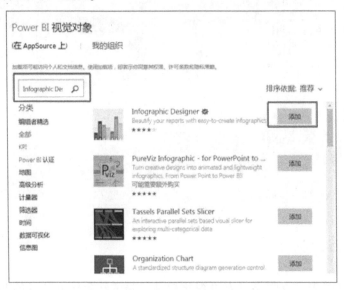

图 6-52　添加信息图

步骤 2:将右侧字段窗格中的字段"销售经理""销售额"分别拖入"可视化"窗格中相应的位置,然后选择信息图,将鼠标指针移动到信息图上,在右上角有一个笔形图标,这就是信息图的编辑标记,如图 6-53 所示。单击编辑标记,弹出"Mark Designer"对话框,单击"Delete element"按钮删除原有图示,如图 6-54 所示。

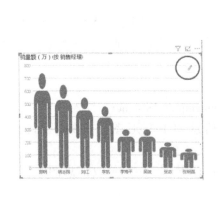

图 6-53　信息图的编辑标记

图 6-54　删除原有图示

步骤 3:单击"Insert shape"按钮,插入人物图标,并将信息图类型设置为"Column",在"Mark Designer"对话框中设置"Multiple Units"为"On",如图 6-55 和图 6-56 所示。

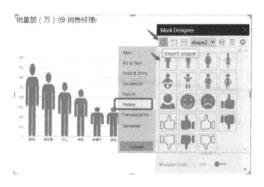

图 6-55   插入人物图标

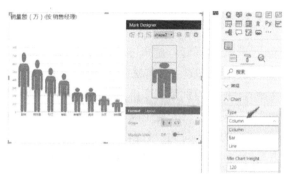

图 6-56   设置信息图

步骤 4：将 Layout 页面下的 "Bound to" 设置为 "Outer"，如图 6-57 所示。将 "Format" 页面下的 "Fill Percentage" 设置为 "销售额（万）"，设置 "Value Color"，即人物颜色，如图 6-58 所示。

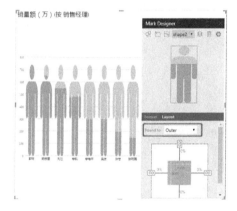

图 6-57   修改信息图类型

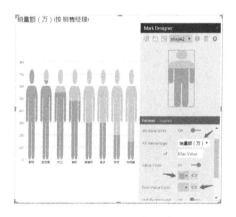

图 6-58   设置人物颜色

步骤 5：关闭 "Mark Designer"，调整设置信息图的标题、字体、颜色等，最终结果如图 6-59 所示。

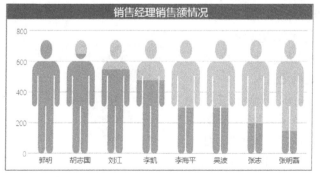

图 6-59   信息图结果

6.3.2 旋风图

- **应用场景**：旋风图（Tornado），也叫龙卷风图，在 Excel 中叫对称条形图。旋风图是一种特殊的条形图，其中数据类别是垂直列出的，不是水平表示，并且类别是有序排列的。旋风图主要用于两组数据的对比，如：各个年龄段男女的失业率高低；对比各个学历段男女的收入差距等。通过左右方向的布局对比，数据对比更加直观形象。

学习视频 20

- **制图要点**：旋风图字段属性选项下，"组"表示类别，"图例"表示左右条形，"值"表示度量值，如图 6-60 所示。旋风图的局限性在于，不能自动对数据进行从大到小的标准漏斗图排序，默认按照"组"字段升序排序。

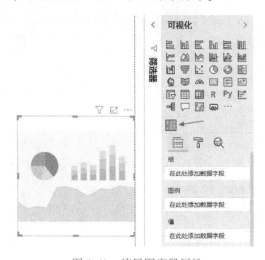

图 6-60　旋风图字段属性

【**案例实操 6-14**】　打开第 6 章素材 \ 旋风图 \ 不同学历男女收入对比 . pbix，通过旋风图展示不同学历不同性别的人群收入对比情况。

步骤 1：单击"可视化"窗格中的"…"，选择"获取更多视觉对象"，或者在菜单栏上选择"更多视觉对象"→"从 AppSource"，在弹出的搜索框中输入"Tornado Chart"，将旋风图引入。

步骤 2：选中旋风图，选择相应字段，如图 6-61 所示。单击"值"下方的"收入"箭头，选择"平均值"，如图 6-62 所示。切换到格式栏，可修改数据颜色，如图 6-63 所示。

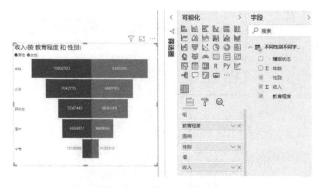

图 6-61　设置字段属性

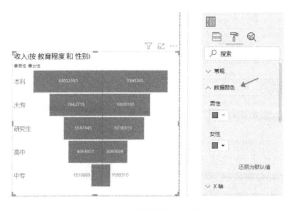

图 6-62 选择平均值 图 6-63 设置数据颜色

步骤 3：将"组"的文本大小设为 12，修改标题文本、字体颜色、背景色、对齐方式、文本大小及字体系列等。最终结果如图 6-64 所示。

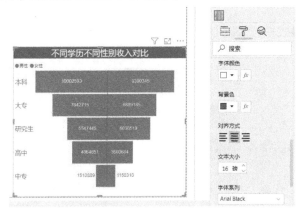

图 6-64 旋风图

6.3.3 象限图

- **应用场景**：象限图（Quadrant Chart）是气泡图的一种，主要用于显示具有共同特征的项目分布。该图表分为四个象限，通过平行于 X 轴，Y 轴的分界线来定义象限的范围，该控件比较适用于具有 3 个度量值的数据，分别用 X 轴，Y 轴位置和气泡的大小来表示。

- **制图要点**：单击"可视化"窗格中的"…"，选择"获取更多视觉对象"，搜索并添加 Quadrant Chart。象限图的字段属性下有 X 轴、Y 轴、辐射（Radial）、图例（Legend），如图 6-65 所示。

【**案例实操 6-15**】 打开第 6 章素材 \ 象限图 \ 销售大区的销售力分析 . pbix，构建销售大区销售力四象限图。

步骤 1：单击"可视化"窗格中的"…"，选择"获取更多视觉对象"，或者在菜单栏上选择"更多视觉对象"→"从 AppSource"，在弹出的搜索框中输入"Quadrant Chart"，添加引入象限图。选中象限图，选择相应字段，如图 6-66 所示。

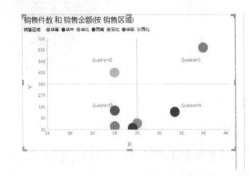

图 6-65　象限图字段属性　　　　　　　　　图 6-66　象限图字段属性设置

步骤 2：切换到格式栏，修改 Quadrant，即修改四个象限区名称，如图 6-67 所示。

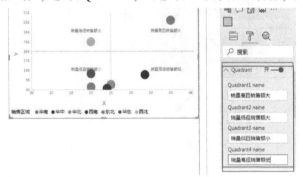

图 6-67　修改四象限区域名称

步骤 3：修改四象限图的标题文本、字体颜色、背景色、对齐方式、文本大小及字体系列，并加上边框，调整图形大小，最终结果如图 6-68 所示。

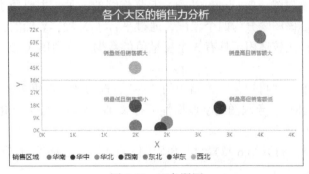

图 6-68　四象限图

6.3.4 直方图

- **应用场景**：直方图（Histogram）常用于表现频率分布，描述的是一组连续可视化数据的分布情况，即是把一组有序的数据分组为数据仓，将整个数值范围划分为一系列固定间隔的区间，然后统计每个区间有多少个数值分布。
- **制图要点**：直方图字段属性比较简单。局限性在于数据区域不能自定义，只能等分（等比例划分），不能同时展示多种模式（数量、求和等）。

【案例实操 6-16】 打开第 6 章素材＼直方图＼收入分布情况.pbix，构建员工收入的分布直方图。按照上述制图方法，单击"可视化"窗格中的"…"，选择"获取更多视觉对象"，输入"Histogram"，引入直方图，选择相应字段，按照前面介绍的可视化图表格式调整的方式进行格式调整，结果如图 6-69 所示。

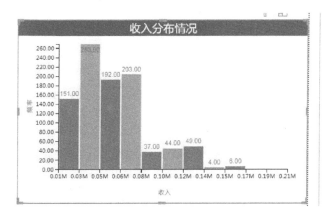

图 6-69 直方图

6.3.5 柏拉图

- **应用场景**：柏拉图（Pareto Chart）也叫帕累托图，基于二八原则，常用于质量问题、质量改善项目等领域。在项目管理中主要用来找出产生大多数问题的关键原因，用来解决大多数问题。

学习视频 21

- **制图要点**：将出现的质量问题和质量改进项目按照重要程度依次排列而采用的一种特殊的直方图表，用来分析质量问题，确定产生质量问题的主要问题。

【案例实操 6-17】 打开第 6 章素材＼柏拉图＼客户满意度原因分析.pbix，构建原因分析的柏拉图，找到 20% 的关键因素。单击"可视化"窗格中的"…"，选择"获取更多视觉对象"，输入"Pareto"，引入柏拉图，选择相应字段，如图 6-70 所示；调整可视化图表格式，结果如图 6-71 所示。从柏拉图展示结果可以看出，影响客户满意度的关键因素有四个：分别为投递时间过长、快递员服务质量差、产品质量差及运输破损严重。

图 6-70 应用商店中搜索并添加柏拉图

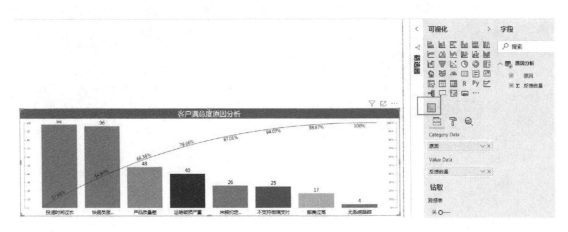

图 6-71 柏拉图

6.3.6 文字云

- 应用场景：文字云（Word Cloud）主要用来做文本内容关键词出现的频率分析，适合文本内容挖掘的可视化。文字云中，出现频率较高的词会以较大的形式呈现出来，出现频率较低的词会较小的形式呈现，经常用于社交网络评论和电商流量的语义分析。
- 制图要点：引入自定义视觉对象 Word Cloud。主要设置类别（Category）和数值（Values）这两个参数。

【案例实操6-18】 打开第6章素材 \ 文字云 \ 产品分析. pbix，构建产品分析的文字云。单击"可视化"窗格中的"…"，选择"获取更多视觉对象"，输入"Word Cloud"，引入文字云，选择相应字段，然后调整可视化图表的格式，结果如图 6-72 所示。从文字云展示结果可以看出，内外胎、脚踏板等销量最高。

图 6-72 文字云

6.3.7 子弹图

- **应用场景**：子弹图（Bullet Chart）主要用于显示实际数字与一个或多个目标数字的比较，例如本年度销售金额和本年度的预算目标进行比较。子弹图可以用于追踪目标，它可作为仪表的替代，是为了克服仪表的基本问题而开发的。子弹图有单一的主要衡量标准（如当前的收入），将该衡量标准与一个或多个其他衡量标准进行比较，以丰富其含义，并将其显示为定性范围、如差、满意、好等定性分类，同一定性范围以单一色条的不同强度显示。子弹图和柱形图相比，有如下局限性：

1）当多个分类间的数据进行对比时，使用柱形图更加合适。

2）适合的数据条数：不超过 10 条数据。

3）无法使用公共轴。

- **制图要点**：引入自定义视觉对象 Bullet Chart。主要有 Bullet Chart2.0.1 和 Bullet Chart OKVIZ 两种类型。

【案例实操 6-19】 打开第 6 章素材 \ 子弹图 \ 销售大区销售额与目标分析 . pbix。单击"可视化"窗格中的"…"，选择"获取更多视觉对象"，输入"Bullet"，选择"Bullet Chart OKVIZ"这种子弹图，选择相应字段，然后在格式栏中对目标值颜色和形状进行设置，如图 6-73 所示。子弹图设置后的结果如图 6-74 所示。

图 6-73 格式设置

159

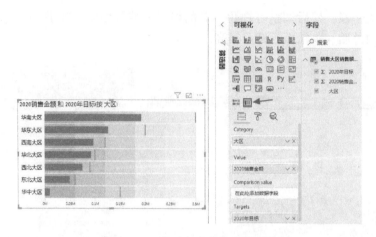

图 6-74　设置完成后的子弹图

6.3.8　气泡图

- **应用场景**：气泡图（Bubble Chart）能够直观地显示具有一个数据维度和一个或两个类别的数据。接近柱形图的功能，适合用于分类较多的场合（如果用柱形图，类别多文字容易倾斜）。
- **制图要点**：引入自定义视觉对象 Bubble Chart Akvelon（初级功能免费，高级功能收费），各字段含义为，Bubble Name：气泡名称；Cluster Name：集群名称，表示再分类；Value：值。

【案例实操 6-20】　打开第 6 章素材 \ 气泡图 \ 不同工作类型收入情况 . pbix。单击"可视化"窗格中的"…"，选择"获取更多视觉对象"，输入"Bubble"，选择"Bubble Chart Akvelon"这种气泡图，选择相应字段，然后在格式栏中对目标值颜色和形状进行设置，最后结果如图 6-75 所示。

6.3.9　雷达图

- **应用场景**：雷达图（Radar）将多个维度的数据映射到坐标轴上，可以展示出各个变量的权重高低情况，非常适合展示性能数据比较（定性分析）。

学习视频 22

- **制图要点**：引入自定义视觉对象 Radar，选择 Radar Chart2. 0. 2。

【案例实操 6-21】　打开第 6 章素材 \ 雷达图 \ 销售员能力考核分析 . pbix。单击"可视化"窗格中的"…"，选择"获取更多视觉对象"，输入"Radar"，选择"Radar Chart2. 0. 2"，选择相应字段，如图 6-76 所示。然后，切换到格式栏，调整各个销售员的数据颜色，将绘制线条下的线条宽度设为 3，显示设置下的轴移动设为 80，最终结果如图 6-77 所示。可以看出，李海平的综合能力相对较优。

图 6-75　气泡图

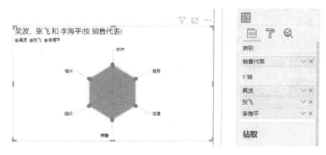

图 6-76　添加雷达图

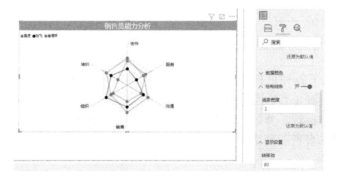

图 6-77　格式调整后的雷达图

6.4　图表的布局美化

为了使可视化图表美观大气，同时又符合企业文化的要求，可以通过切换主题和格式设置两个方面对图表进行布局美化。

6.4.1　主题切换

Power BI Desktop 视图栏中提供了默认、经典、教室、太阳光、高对比度等多种风格的主题，每种主题都有不同的颜色。主题切换的界面如图 6-78 所示。可视化分析时，一定要结合公司的风格和企业文化来慎重选择相应的主题。如果企业或者部门汇报的企业风格不太明确，建议选用常规或者经典等相对保守的主题风格。

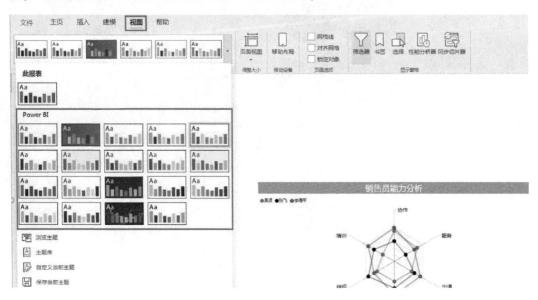

图 6-78　主题切换

6.4.2　格式设置

6.3 节详细介绍了各种可视化图表的制作，可以看出，绝大部分图表的格式常用操作有：常规、X 轴、Y 轴（有的图表没有 X/Y 轴，代替的是类别轴，如饼图、雷达图等）、数据颜色、数据标签、标题、背景、边框等。对于第三方可视化组件，除了这些常规的格式设置内容，还有组件本身特有的格式内容，并且这部分内容大部分是英文显示。

6.5　图表的交互式分析

在可视化图表中，通过对图表进行筛选、钻取、编辑交互和书签功能，可以实现多角度的动态展示效果和更深入的数据洞察。

6.5.1　筛选

这里的筛选是指通过筛选器进行筛选，主要作用是筛掉无关数据，保留需要关注的数据。根据筛选的影响范围可以分为视觉级筛选器、页面级筛选器和报告级筛选器。筛选器的界面如图 6-79 所示。

- 视觉级筛选器：是最常用的一种筛选器，对特定的可视化对象进行筛选后，对其他可视化对象没有影响。当画布中没有视觉对象时，该筛选器不会出现，只有创建并选择其中一个视觉对象后，在"可视化"窗格的"字段"选项卡下的"筛选器"中才会出现"此报表对象上的筛选器"。
- 页面级筛选器：对特定的可视化对象进行筛选后，对本报表其他可视化对象也受到影响，即筛选当前页面中所有视觉对象的筛选器，因此，设置之前并不需要在画布上选中视觉对象。
- 报告级筛选器：对所有报表页的可视化对象均有影响，作用范围最广，不仅可以筛选当前页面的全部视觉对象，还可以筛选报表内其他页面的视觉对象。

图 6-79   筛选器界面

如图 6-80 所示，当视觉筛选器选项下的客户数量设为小于 50 时，此筛选仅仅对左边的"客户年龄段"堆积柱形图产生影响，对其他图表没有产生筛选作用；当把"婚姻状况"字段拖放在此页上的筛选器中，并勾选"已婚"，本页上所有可视化图表均会受到影响。

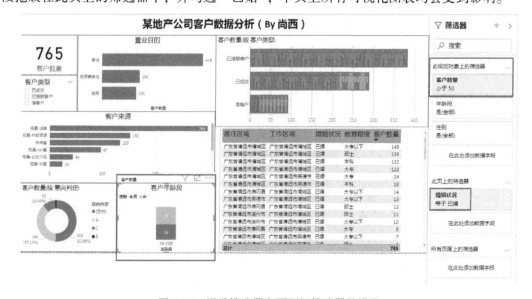

图 6-80   视觉筛选器和页面级筛选器的设置

6.5.2　钻取

在进行可视化分析时，如果想深入了解某个视觉对象的信息，可以用到数据的钻取功能。例如：要查看所有大区的销量信息，又想知道大区下的客户类型信息，即可用到数据的钻取。特别需要注意的是，并非所有的数据都能钻取，对于有层级关系的数据才可以使用钻取功能。设置好钻取的层级后，在可视化对象上方会出现向上、向下等单/双箭头，如图 6-81 所示。

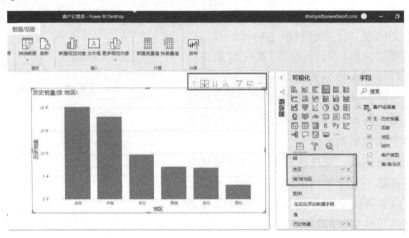

图 6-81　钻取标识箭头

此案例数据详见第 6 章素材\表和矩阵\客户记录表.pbix。可以看出，只有在"可视化"窗格下"轴"字段栏下，至少选择两个有层级关系的字段才可以实现钻取。向下单箭头图标表示向下钻取，向上单箭头图标表示向上钻取，双箭头向下图标表示层次结构的下一级别。当鼠标单击柱形图中的"西北"柱子后，柱形图会钻取到西北四个省的销量柱形图，结果如图 6-82 所示。

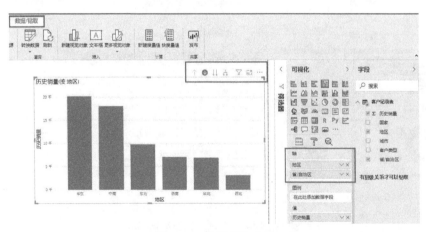

图 6-82　设置钻取功能

6.5.3　交互

可视化仪表盘，往往是多个可视化组件组合在一起，通过切片器进行多维度筛选展示。有时想通过切片器观察某一个或某几个可视化图表，而其他可视化图表并不进行同步筛选。此时，Power BI Desktop 中的编辑交互功能就能发挥作用。编辑交互功能，属于数据的联动分析，当单击某一图表或某个切片器时，被单击的图表对象在本图表中突出显示，而其他图表对象不再显示。可以简单地理解为：只要图表设置了编辑交互，有的图表就相当于"冻结"了，不受切片器筛选的影响。如图 6-83 所示，执行"格式"→"编辑交互"，图表右上角出现白色圆圈 ⃠ 图标，单击柱形图上的白色圆圈 ⃠ 图标，白色圆圈变成了黑色实心 🚫 图标，则柱形图不受编辑交互的影响，受影响的只是左边的客户分布情况表，结果如图 6-84所示。当单击柱形图上的 ⅈ 图标，可恢复编辑交互功能。

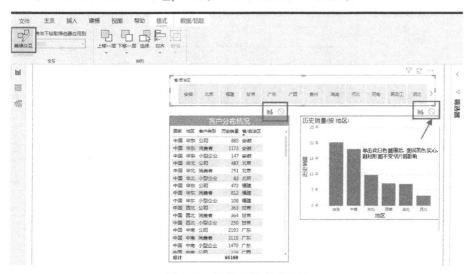

图 6-83　设置编辑交互功能

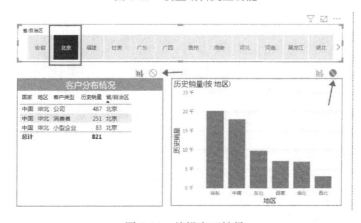

图 6-84　编辑交互结果

6.5.4　书签

当制作的仪表盘较多，为了方便查找切换，可以做一个类似目录页的书签导航，这在分页很多的情况下非常便利，如图6-85所示页面相当于目录页，单击可快速跳转到相应的仪表盘。

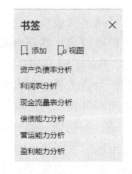

图6-85　仪表盘目录

【案例实操6-22】　打开第六章素材\书签\上市公司财务报表分析.pbix，执行"视图"→"书签"，单击"添加"，分别切换到各个仪表盘，依次分别添加书签，并单击书签默认名称后面的"…"，选择重命名，将书签名称重命名为对应仪表盘一样的名称，如图6-86所示。当鼠标单击书签上的名称按钮，可以快速切换到相应仪表盘，最终结果如图6-87所示。

图6-86　书签的重命名

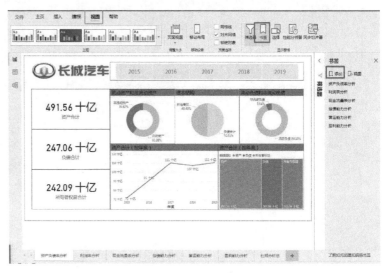

图6-87　新建的书签

6.6　综合案例：某连锁餐饮店会员信息数据可视化分析

案例概述：某连锁餐饮店自2017年在珠三角几个城市开店以来，经过近三年的运营，规模逐步扩展，同时采取会员制，由此增加客户消费黏性，从而增加复购率。但随着门店规模的扩大和市场竞争的加剧，大部分门店存在着销售业绩增长变缓的问题。现要通过餐饮后台导出会员信息表，从数据上多维度对会员进行分析，因此，需要从会员的数量、年龄分布、入会途径、会员消费实力、复购率以及不同年龄段购买力方面。了解会员的画像特性、消费偏好、购买力，为制定后续的门店营销策略提供重要参考。包括本案例数据详见第六章素材\某连锁餐饮门店会员数据可视化分析\会员信息可视化分析.pbix。

6.6.1 会员数量分析——折线图

需要了解从 2017 年到 2020 年各连锁门店普通会员和 VIP 会员的增长变化。由于要通过时间轴来观察两个数据序列的趋势，所以用折线图比较合适，呈现门店会员数量变化的折线图如图 6-88 所示。可以看出，新增会员数量呈现明显的下降趋势，后期需要加大拉新的营销力度。

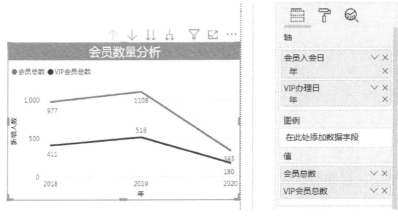

图 6-88 门店会员数量变化

6.6.2 年龄段分析——柱形图

会员群里有普通会员和 VIP 会员，需要洞察哪个年龄段的群体是消费主力，分析各个年龄段的普通会员和 VIP 会员的数量，用簇状柱形图分析比较直观，呈现会员年龄分布的柱形图如图 6-89 所示。可以看出，会员群体主要集中在 20～29 岁和 30～39 岁，后期在制定营销策略时，重点要吸引 20～29 岁的年轻人群体。

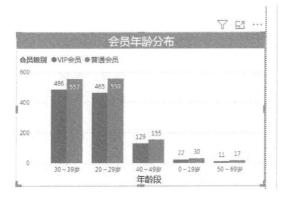

图 6-89 会员年龄分布

6.6.3　入会途径分析——环形图

通过入会途径分析可以洞察哪种推广方式最有效，通过环形图可以观察哪种入会途径占比最大，因此可以选择环形图，呈现入会途径分析的环形图如图 6-90 所示。可以看出，微信推广的效果最好，后续应该加大微信推广的力度。同时，节日活动和团购促销的营销策略需要反思和改进。

图 6-90　入会途径分析

6.6.4　会员消费金额分析——柱形图

通过比较普通会员和 VIP 会员的消费金额，可以判断哪类会员的消费贡献最多。用柱形图进行比较最为直观，呈现会员消费金额分析的柱形图，如图 6-91 所示。可以看出，VIP 会员的消费金额最多，后期在制定营销策略时，可以调整 VIP 会员入会门槛，或优化客户办理 VIP 会员的福利，增加 VIP 会员数量，从而带来营收的增长。

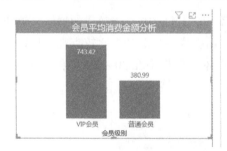

图 6-91　会员消费金额分析

6.6.5　不同年龄段会员消费力分析——柱形图

通过分析不同年龄段会员的消费力，便于在进行营销策划时，有针对性地对重点年龄段的人群做定向促销，可以用柱形图来比较各个年龄段会员的消费力，生成的柱状图如图 6-92 所示。可以看出，30～39 岁的会员消费能力最强，在制定营销策略时，应重点关注 30～39 岁的会员群体需求。

图 6-92　不同年龄段会员消费力分析

6.6.6　不同性别的会员消费力分析——堆积柱形图

不同性别的会员消费力分析如图 6-93 所示，通过堆积柱形图可以看出，女性的消费频率高于男性，在进行营销策划时，应重点关注女性群体的需求，展开针对性的促销活动。

图 6-93　不同性别的会员购买频率分析

6.6.7　Power BI 报表的整合

把上述制作好的六张可视化图表整合在一起，添加文本标题，对齐格式，最终整合成一张完整的、齐整的门店会员分析报表，如图 6-94 所示。

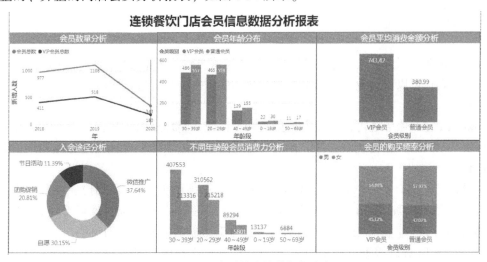

图 6-94　整合后的会员分析仪表盘

第7章

报表的发布与协作——
Power BI 在线服务

引言：Power BI 在线服务是一种 SaaS 云服务（SaaS 服务可以简单理解为，数据存放在公有云服务器上，用户租赁云服务），用户通过 Power BI 账号就可以进行在线创建报表和仪表板，并将报表分享给他人，也可以用 Web、手机、Pad 等移动工具浏览。本章以超市运营数据分析报表为例，介绍 Power BI 的数据发布功能。通过本章内容的学习，读者将掌握如下知识点：

(1) 了解 Power BI 在线服务的内容；

(2) 掌握报表在线发布的方法；

(3) 掌握仪表板的创建方法；

(4) 掌握报表和仪表板的发布；

(5) 了解移动版报表的发布方法。

7.1 Power BI 在线服务介绍

Power BI 在线服务是一种基于云的商业分析服务，可提供关键业务数据的单一视图。Power BI 仪表板可以将商业用户最重要的指标集中到一个位置进行实时更新，并且支持多种设备访问。

Power BI 在线服务还可以实现数据集的管理，统一整理组织的数据，无论在云端还是本地均可实现。Power BI 在线服务可以让用户随时随地通过多种平台轻松地管理和维护各种类型的数据。

假设你已经拥有了一个 Power BI 服务的账号（必须用企业邮箱注册），并且制作了报表或仪表板，登录 Power BI 在线服务的网址 https：//app. powerbi. com，即可看到如图 7-1 所示的界面（由于 Power BI 微软更新比较频繁，版本升级较快，实际界面可能与图 7-1 所示有所不同）。Power BI 在线服务界面左侧是导航栏，"我的工作区" 是使用最频繁的，从 Power BI 发布到在线服务中的报表都可以在我的工作区中看到。

图 7-1　Power BI 在线服务主页

7.2　报表在线发布

和在本地用 Power BI Desktop 制作报表一样，Power BI 在线服务同样可以利用数据集进行在线报表的制作，但在功能上没有 Power BI Desktop 强大，体验上也不是太方便。大部分情况下，建议用户在本地 Power BI Desktop 中将报表提前制作好，再发布到 Power BI 在线服务中。

【案例实操 7-1】　打开第 7 章素材 \ 销售员能力考核分析 . pbix，将销售员能力考核分析雷达图在线发布到工作区。操作步骤如下。

步骤 1：单击 Power BI 窗口左侧的报表视图图表，进入报表视图，单击"主页"→"发布"按钮，选择工作区，如图 7-2 所示。

步骤 2：单击"选择"按钮，发布成功后的界面如图 7-3 所示。

图 7-2　选择工作区　　　　　　　　　　　图 7-3　发布成功

171

步骤3：登录 http：//app. powerbi. com 网站，在"我的工作区"中查看发布的可视化报表，如图7-4 所示。

图7-4　查看发布的报表

步骤4：单击"销售员能力考核分析"，即可打开在 Power BI Desktop 中制作的数据图表，如图7-5 所示。

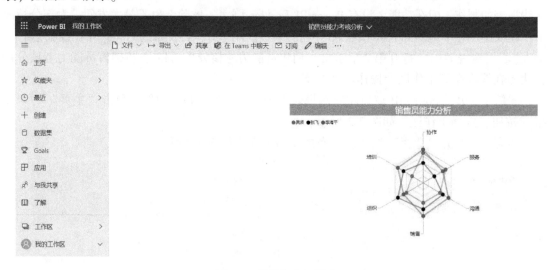

图7-5　打开发布的报表

7.3　仪表板

仪表板是多种可视化对象的组合，具有高度互动性和可定制性，是监控业务、数据洞察和查看所有重要指标的重要工具。仪表板可以创建，也可以编辑和共享。它是一个画布，其中包含磁贴和小组件（磁贴即数据快照，具有溯源的功能）。每个磁贴显示通过数据集创建并固定到仪表板的单个可视化对象。仪表板将本地数据和云数据合并在一起，提供合并视图，并且可实现数据实时刷新。

7.3.1　仪表板的设计原则

仪表板的设计要基于"用户思维"，一定要站在用户的角度进行设计，需要关注的重点如下。

- 仪表板是给哪个层级的用户看的，他们最关心什么？
- 用户最渴望第一时间看到哪些关键信息？
- 哪些图表和颜色布局符合用户的使用习惯？

此外，在具体设计仪表盘时，需要重点参考如下要点。

- 仪表盘上图表信息不宜过多，在其上方最好放 3 ~ 5 个关键的 KPI 卡片图，下面放具体的图表；
- 尽量用常见的内置图表，不宜为了追求新奇特采用没必要的第三方可视化组件；
- 图表标题需要明确主题，采用图表 + 简短文字，做到主题鲜明，避免没有任何解释的单一数字出现；
- 文字说明不宜过多，如果需要详细数据，可在仪表板的底部以备注的形式提供；
- 确保数字易读性，避免出现一长串的数字，比如 584168 元，应该写成 58.4 万元。

7.3.2　仪表板与报表的区别

仪表板与报表经常混淆，虽然两者的表现形式上都是在画布上排列各种可视化对象，并都是磁贴的组合，但是两者有很大的区别。

- 报表：就是在 Power BI Desktop 中制作的可视化图表，并且不同的表有不同的可视化图表。
- 仪表板：就是将报表中的关键可视化图表选择性地放入其中（专业说法是通过磁贴的方法，磁贴类似于 Excel 中的照相机功能），便于用户快速浏览组织中的关键指标数据。由于磁贴具有溯源的功能，因此，单击仪表板中的某个可视化对象可以快速切换到可视化对象来源报表。

仪表板与报表功能区别如表 7-1 所示。

表 7-1　仪表板和报表的区别

功　能	仪　表　板	报　表
页面	一个页面	一个或多个页面
数据源	一个或多个数据集	单个数据集
能否用于 Power BI Desktop	否	是
固定	只能将现有的可视化效果（磁贴）从当前仪表板固定到其他仪表板	可以将可视化效果作为磁贴固定到任何仪表板，也可以将整个报表页面固定到任何仪表板
订阅	无法订阅仪表板	可以订阅报表
筛选	无法筛选或切片	有许多不同的方式来筛选、突出显示和切片
设置警报	当满足某些条件时，可以创建警报以向你发送电子邮件	否
是否可更改可视化效果类型	不可以（可以删除）	可以
查看基础数据集和字段	不可查看	可以查看
自定义功能	可以通过移动和排列、调整大小、添加链接、重命名、删除和显示全屏等可视化效果（磁贴）进行自定义，但是数据和可视化效果本身是只读的	在"阅读"视图中，可以发布、嵌入、筛选、导出、下载，查看相关内容，生成 QR 码，在 Excel 中进行分析等。在"编辑"视图中，可以执行目前为止所提到的一切操作，甚至更多操作
创建可视化效果	只能通过使用"添加磁贴"向仪表板添加部件	可以创建许多不同类型的可视化视觉对象

7.3.3　仪表板的创建方法

在工作区中，打开目标可视化仪表盘（如本案例中的皇冠蛋糕店），单击右上角"编辑"后"…"，出现"固定到仪表板"选项，选择此选项即可将新建仪表板，如图 7-6 所示。创建仪表板还可以在"我的工作区"直接创建仪表板，创建到仪表板中的可视化对象是以磁贴的形式存在的，通过鼠标拖动可以改变其显示的大小和位置，直接创建仪表板的方法如图 7-7 所示。

【案例实操 7-2】　案例数字取自 Power BI 在线服务中的"会员信息可视化分析"报表。创建仪表板，会员年龄分布柱形图、环形图、折线图、会员消费金额柱形图放入仪表板中。操作步骤如下。

步骤 1：在 Power BI 在线服务的"我的工作区"中，单击"新建"，选择"仪表板"，如图 7-7 所示。

步骤 2：输入仪表板名称"关键指标提炼"，并单击"创建"按钮，如图 7-8 所示。

图 7-6 创建仪表板

图 7-7 直接新建仪表板　　　　　　　　图 7-8 输入仪表板名称

步骤 3：打开报表"会员信息可视化分析"，单击年龄分布柱形图右上方的 📌 图标，如图 7-9 所示。

步骤 4：在弹出的对话框中，选择默认的现有仪表板，单击"固定"按钮，将条形图固定到仪表板中，如图 7-10 所示。

步骤 5：用同样的方法，将折线图、环形图、会员平均消费金额柱形图固定到仪表板中，并将它们拖放到合适位置，"关键指标提炼"仪表板结果如图 7-11 所示。单击仪表板中的任一可视化对象，则可以快速链接到可视化对象来源的报表（跳转到"会员信息可视化分析"报表）。

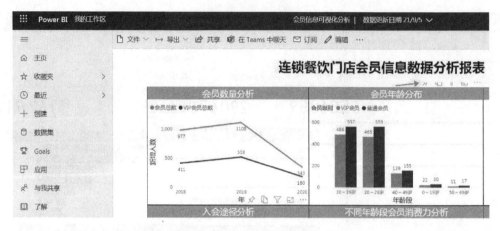

图 7-9　选择年龄分布柱形图

图 7-10　将柱形图固定到仪表板中

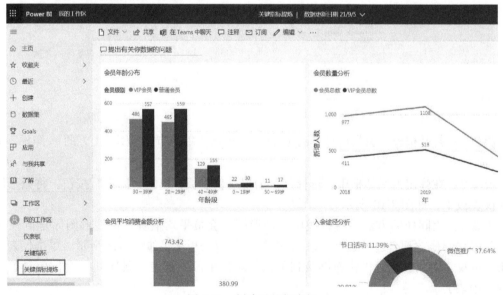

图 7-11　创建后的仪表板

7.4　分享与协作

7.4.1　使用工作区

Power BI 在线服务"应用工作区"功能类似职场"集中办公的众创空间"，它是在仪表板、报表和数据集上与同事协作以创建应用的地方。创建好工作区后，从 Power BI Desktop 创建的报表可以发布到 Power BI 服务相应的工作区内，有权限的用户即可访问发布后的报表。

每个工作区内都能管理相应的仪表板、报表、工作簿、数据集，相应有权限的用户具备查看权限或编辑权限，从而更好进行多用户的共享和协作。需要注意的是，创建应用工作区功能仅适用于具有 Power BI Pro 专业版用户。

7.4.2　报表的分享

报表分享有两种方式。第一种为公开链接，即发布到 Web，没有权限限制，任何人都可以打开链接查看；第二种是通过生成的 QR 码（一种二维码）分享，此方式分享的报表用户需要有访问权限。

（1）公开链接

打开报表"会员信息可视化分析"，操作步骤如下。

步骤 1：执行"文件"→"嵌入报表"→"发布到 Web（公共）"，如图 7-12 所示。单击"创建嵌入代码"按钮，如图 7-13 所示。

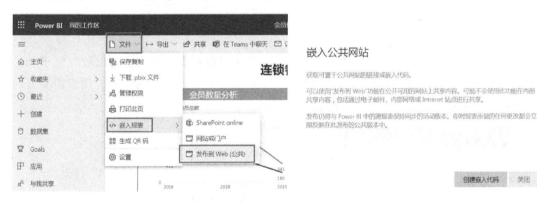

图 7-12　发布到 Web　　　　　　　图 7-13　创建嵌入代码

步骤 2：单击"发布"按钮，生成的链接地址如图 7-14 所示。

步骤 3：复制生成的链接地址并粘贴在浏览器的地址栏中，即可在 Web 页面中查看报表，如图 7-15 所示。

（2）生成 QR 码分享

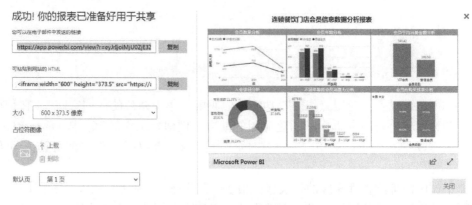

图 7-14　发布成功

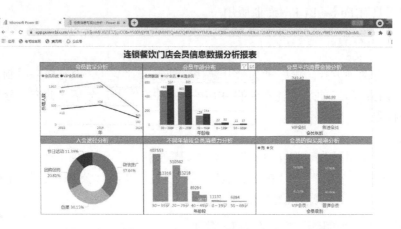

图 7-15　在 Web 中查看报表

如图 7-16 所示为生成 QR 码的选项。生成的 QR 码可以打印出来，也可以放在电子邮件中，用户通过扫描 QR 码即可访问报表，如图 7-17 所示。此方式分享的报表，用户需要有访问的权限，如有编辑权限，还可以对报表进行编辑。

图 7-16　生成 QR 码

图 7-17　打印或扫描 QR 分享码

7.4.3　仪表板的共享

数据共享和数据发布是两个不同内涵的术语。数据共享是指数据文件仅仅共享给同事，以便与同事协作和分发数据内容，用户需具有相同的访问权限，与组织外的人员共享时，用户会收到带有指向共享仪表板的链接的电子邮件，且必须登录 Power BI 才能查看仪表板。数据共享功能需要升级到 Power BI Pro 版本（专业版）才能使用。而数据发布是指将数据、图片及报表等数据资源发布到网络中，供所有人查看。

仪表板的共享，具体操作步骤如下：选择"我的工作区"选项卡，单击仪表板操作栏上的"共享"按钮，即可实现仪表板共享，如图 7-18 所示。

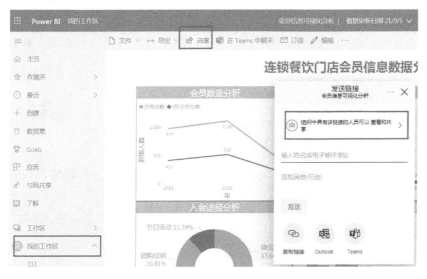

图 7-18　仪表板的共享

7.5　Power BI 移动版应用

7.5.1　了解 Power BI 移动版

Power BI 移动版除了能够实现 Power BI 桌面版的所有功能之外，还能够将相关的数据和图表发布到网络中，在手机端 Power BI App 中可以查看可视化报表。Power BI 移动版既可以通过单击桌面版中的"发布"按钮打开，又可以直接进入网址 https://app.powerbi.com，登录后进行更深入的数据操作。

使用 Power BI 移动版同样需要先注册账号，而且账户名需要使用企业邮箱注册。由于手机端呈现不了太多的信息，因此可以从已经制作好的报表对象中选择关键的报表放入手机端展示，这样更加方便在手机端查看。

【案例实操7-3】 打开第7章素材\会员信息可视化分析.pbix，设计报表手机端布局，将柱形图的所有可视化对象放入手机端布局中，操作步骤如下。

步骤1：在 Power BI Desktop 中，打开"会员信息可视化分析.pbix"，切换到报表视图，执行"视图"→"移动布局"，如图7-19所示。

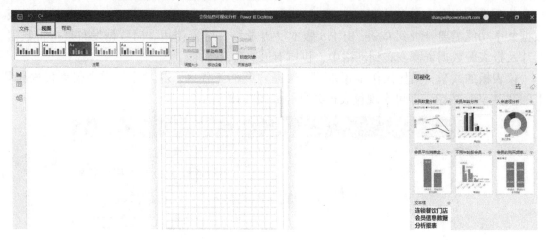

图 7-19　移动布局设置

步骤2：将柱形图中的所有可视化对象都拖放到手机画布中，并调整到相应的位置和大小，如图7-20所示。

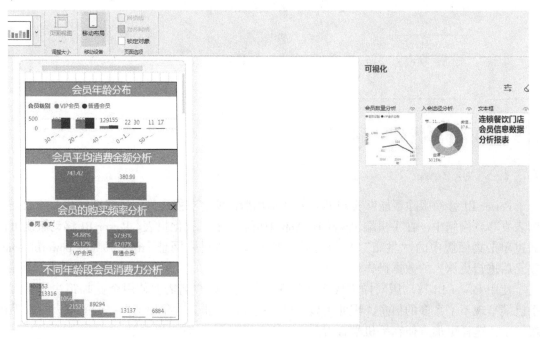

图 7-20　手机布局效果

步骤 3：将制作的可视化报表文件"会员信息可视化分析 . pbix"再次保存，并重新发布到 Power BI 在线服务中。

7.5.2　移动应用数据发布

Power BI Desktop 制作的可视化报表发布到移动端后，用 Power BI 账号登录就可以查看移动端可视化报表（手机/平板），手机端报表同样可以进行编辑交互。操作方法：在手机端打开 Power BI APP，登录后进入"我的工作区"，单击选定的可视化报表对象后，即可查看手机端报表。

第8章
学以致用——Power BI
数据分析实战

引言：本章将通过6个不同行业领域的综合实战案例，带领读者全面掌握使用 Power BI 进行专业的数据分析工作。通过本章内容的学习，读者将掌握如下知识：

(1) 了解零售、金融、仓储物流、人力资源以及财务领域的业务场景；

(2) 掌握不同行业领域的数据特征，并进行数据清洗；

(3) 针对不同行业领域的数据结构特点，掌握各种数据建模的方法；

(4) 掌握各种可视化图表对象的制作、布局和美化的技巧。

8.1　某天猫小家电专卖店销售数据可视化分析

案例概述：本案例是某天猫小家电专卖店 2020 年主打产品全年 12 月的电器销售数据，分别保存在 12 张 Excel 工作簿里。现在需要合并 12 个月的数据，通过 Power BI 生成可视化图表比较各种小家电的销售额及占比情况，同时观察各个地区每种产品的销量情况，最后还能通过现有图表钻取到各季度的销售额。案例数据取自第 8 章素材 \ 某天猫小家电专卖店销售数据可视化分析文件夹，实现方法主要包括数据清洗、数据建模及可视化图表制作三个部分。

8.1.1　数据清洗：数据文件的合并、删重与拆分

步骤 1：启动 Power BI Desktop，选择"主页"→"获取数据"→"更多"→"文件夹"选项，单击"连接"按钮，如图 8-1 所示，打开"文件夹"对话框，单击"浏览"按钮，选择本例中文件夹在本地计算机中的位置，单击"确定"按钮，在弹出的对话框中选择"组合"下拉框中的"合并并转换数据"选项，将文件夹中 1~12 月的 Excel 工作表合

并，如图 8-2 所示。

图 8-1　获取数据

图 8-2　合并并转换数据

　　步骤 2：打开"合并文件"对话框，选择合并文件，如图 8-3 所示，默认从 sheet 1 开始合并。单击"确定"按钮，即打开了查询编辑器（Power Query）的界面，选中数据区域的第一列"Source. Name"并删除，这是文件的名称，属于无效列。合并后的结果如图 8-4 所示。

　　步骤 3：通过数据分列将"商品销量"列中的商品名称和销量拆分为两列，便于后续的数据统计与分析。单击"商品销量"列，选择"主页"→"拆分列"→

图 8-3　选择目标文件

	日期	▼	ABC 商品销量	▼	ABC 地区	▼	1²₃ 单价	▼
1	2020-10-01		电饭煲30		上海			2300
2	2020-10-02		电炖锅17		北京			1900
3	2020-10-04		电饭煲17		南京			2300
4	2020-10-04		电饭煲36		重庆			2300
5	2020-10-06		电饭煲41		上海			2300
6	2020-10-10		小台扇49		大连			2600
7	2020-10-13		电炖锅49		合肥			1900
8	2020-10-13		电饭煲30		合肥			2300
9	2020-10-15		电炖锅41		天津			1900
10	2020-10-15		电炖锅43		天津			1900
11	2020-10-18		电水壶44		北京			2400
12	2020-10-19		电饭煲42		北京			2300
13	2020-10-19		小台扇43		上海			2600
14	2020-10-19		电炖锅50		广州			1900
15	2020-10-25		电饭煲27		天津			2300
16	2020-10-26		小台扇24		重庆			2600
17	2020-10-27		电饭煲21		重庆			2300
18	2020-10-27		小台扇16		重庆			2600
19	2020-10-28		电水壶42		南京			2400

图 8-4　合并后的数据

"按照从非数字到数字的转换"选项，即把原来的"商品销量"列拆分成了单独的两列，如图 8-5 所示。接着，鼠标双击两列标题，将两列的名称分别重命名为"商品名称"和"销量"，如图 8-6 所示。

图 8-5　拆分列

图 8-6　重命名商品名称和销量字段

步骤 4：更改"销量"字段的数据类型，选中"销量"列，选择"主页"→"数据类型"→"整数"选项，然后在顶部菜单栏选择"主页"→"关闭并应用"命令，整理好的数据就加载到了 Power BI Desktop 中，如图 8-7 所示。

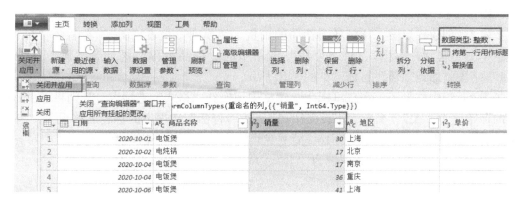

图 8-7　加载数据，保存并退出 Power Query 界面

8.1.2　数据建模：创建计算列和度量值

上一节数据清洗工作完成后，开始进行数据建模（Power Pivot），需要根据单价和销量，创建一个销售额的计算列；同时还需要创建一个总销售额的度量值，操作步骤如下。

步骤 1：切换到"数据视图"，选择"主页"→"新建列"，输入"销售额=［单价］＊［销量］"，如图 8-8 所示，即创建了新列"销售额"。

步骤 2：选择"主页"→"新建度量值"，输入公式"总销售额=SUM（'小家电专卖店12 月数据'［销售额]）"，即创建了名为"总销售额"的度量值，如图 8-9 所示。

图 8-8　新建列　　　　　　　　　　　　　图 8-9　新建度量值

步骤 3：执行"文件"→"保存"或"另存为"命令，保存当前的 Power BI Desktop 文件，文件名后缀为 .pbix，至此完成数据建模。

8.1.3　数据可视化：创建柱形图、饼图及树形图，钻取图表

经过了前面的数据清洗和建模，数据已经比较"干净"了，可以直接用来创建可视化

图表，操作步骤如下。

步骤 1：创建柱形图，比较各类商品的销量。切换到"报表视图"，在右侧"可视化"窗格中单击"簇状柱形图"，将"字段"窗格中的"商品名称"添加到"轴"区域，将"销量"字段添加到"值"区域，如图 8-10 所示。

步骤 2：选中柱形图，在"可视化"窗格中切换到"格式"选项卡，分别将 X、Y 轴选项下的标题设为"关"，文本大小设为"12"，然后将标题选项下的标题名称设为"各种商品的销售额分析"，字体大小设为 16，背景色设为浅灰，字体颜色设为白色，居中对齐，字体系列设为"Arial Black"，边框设为"开"，调整后的结果如图 8-11 所示。

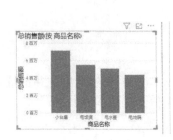

图 8-10　创建簇状柱形图

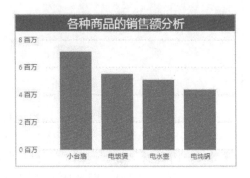

图 8-11　格式调整后的柱形图

步骤 3：将柱形图复制粘贴一份，单击"可视化"窗格中的"饼图"，将柱形图转换为饼图，然后选择相应字段，创建的饼图如图 8-12 所示。

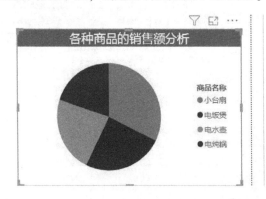

图 8-12　创建饼图

步骤 4：选中柱形图，在"可视化"窗格中切换到"格式"选项卡，将图例设为"关"，标签样式下拉列表框中选择"类别，总百分比"，结果如图 8-13 所示。

步骤 5：将柱形图再次复制粘贴一份，然后单击"可视化"窗格中的"树状图"，将柱形图转换为树状图，然后选择相应字段，创建的树状图如图 8-14 所示。

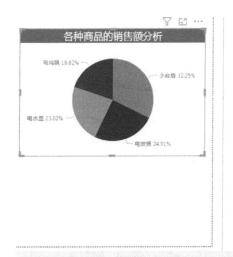

图 8-13　选择"类别，总百分比"选项

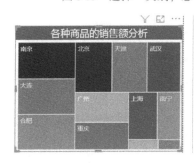

图 8-14　创建树状图

步骤 6：选中树状图，在"可视化"窗格中切换到"格式"选项卡，将标题名称修改为"各地区销量分析"，数据标签选项下显示单位设为"无"；在画布顶端选择"主页"→"文本框"，输入标题文字"天猫小家电专卖店商品销售可视化分析"，调整文字大小并加粗，最后将柱形图、饼图调整到画布上合适的位置并调整大小，最终结果如图 8-15 所示。可以看出，小台扇销售额最高，占比超过 30%，销量较大的依次是南京、合肥、大连、北京等地。

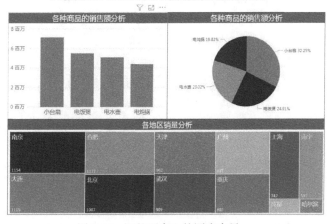

图 8-15　调整画布上的图表布局

步骤 7：钻取分析。选中柱形图，将"字段"窗格中的"日期"字段添加到"轴"区域，如图 8-16 所示。然后在画布上选中柱形图，单击其上方的向下箭头，启用"深化钻取"功能，可钻取季度、月度销售额，如图 8-17 所示。

图 8-16　添加日期字段　　　　图 8-17　启用深化钻取功能

步骤 8：选中柱形图，将从以商品为维度的总销售额中钻取以季度为维度的总销售额，如图 8-18 所示。继续单击图表上方的钻取双箭头，将从季度销售额中钻取以月度为维度的总销售额，如图 8-19 所示。

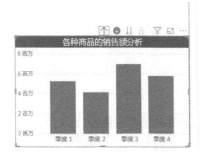 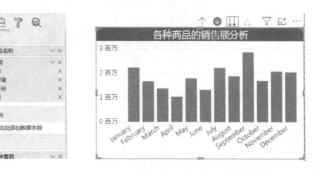

图 8-18　钻取季度销售额　　　　图 8-19　钻取月度销售额

8.2　某连锁商超运营数据可视化分析

案例概述：本案例是某连锁商超 2019 年的运营数据，通过 Power BI 生成的可视化图表可从地域、时间、订单维度分析销售量情况，最后还能通过现有图表钻取到各大区的销售额。案例数据取自第 8 章素材 \ 某连锁商超运营数据文件夹。

8.2.1　数据清洗：数据获取与填充

步骤 1：启动 Power BI Desktop，选择"主页"→"获取数据"，选中本例中的数据文件，在弹出的"导航器"中勾选"某连锁商超运营数据"，单击"转换数据"按钮，进入 Power Query 界面，进行数据清洗，如图 8-20 所示。

图 8-20　导入数据

步骤 2：选中"客户类型"列，如图 8-21 所示，执行"转换"→"填充"→"向下"操作，将缺失的客户类型自动填充，结果如图 8-22 所示。

图 8-21　向下自动填充　　　　　　　　　图 8-22　填充后的结果

步骤3：选择"主页"→"关闭并应用"选项，切换到"数据视图"，可见已经把数据导入 Power BI Desktop 软件中了，如图8-23所示。

图8-23　数据导入至 Power BI Desktop 中

8.2.2　数据建模：创建新列和度量值

步骤1：单击菜单栏上的"新建列"，输入"销售额 ＝［价格］＊［数量]"，如图8-24所示。

订单ID	订单日期	计划发货天数	客户类型	城市	省/自治区	国家	地区	价格	数量	销售额
CN-2019-2996094	2019年1月5日	6	消费者	即墨	山东	中国	华东	1.84	14	25.76
CN-2019-5488732	2019年1月6日	6	消费者	成都	四川	中国	西南	8.21	14	114.94
SZ-2019-5339863	2019年1月16日	6	消费者	长沙	湖南	中国	中南	10.75	14	150.5
CN-2019-5834678	2019年1月24日	6	消费者	桦甸	吉林	中国	东北	8.74	14	122.36
CN-2019-5113626	2019年1月25日	6	消费者	岳阳	湖南	中国	中南	10.72	14	150.08
CN-2019-2381293	2019年1月27日	6	消费者	沈阳	辽宁	中国	东北	6.43	14	90.02
CN-2019-1501002	2019年2月3日	6	消费者	济宁	山东	中国	华东	8.09	14	113.26
CN-2019-2594036	2019年2月15日	6	消费者	杭州	浙江	中国	华东	9.76	14	136.64
SZ-2019-4364300	2019年2月16日	6	消费者	襄樊	湖北	中国	中南	7.98	14	111.72
SZ-2019-3857264	2019年2月21日	6	消费者	吴川	广东	中国	中南	9.3	14	130.2
CN-2019-4497265	2019年2月25日	6	消费者	平度	山东	中国	华东	9.14	14	127.96
CN-2019-2571022	2019年2月28日	6	消费者	上海	上海	中国	华东	5.91	14	82.74
CN-2019-4842730	2019年3月15日	6	消费者	贵州	甘肃	中国	西北	11.17	14	156.38

图8-24　创建"销售额"新列

步骤2：新建度量值"总销售额"，输入"总销售额＝SUM（'某连锁超市运营数据'［销售额]）"。

8.2.3　数据可视化：构建多维度销售数据可视化仪表盘

步骤 1：创建各省份销售额簇状柱形图。切换到"报表视图"，在"可视化"窗格中选择"簇状柱形图"图标，然后在"字段"窗格中选择相应字段，如图 8-25 所示。

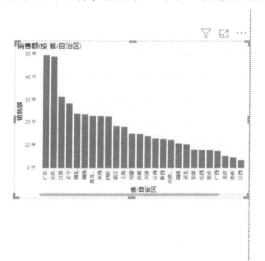

图 8-25　选择簇状柱形图

步骤 2：格式调整。切换到格式栏，将 X 轴和 Y 轴选项下的标题设为"关"，将边框设为"开"，如图 8-26 所示。然后对标题文本、字体、背景色、对齐方式、文本大小、字体系列（字体选择为 Arial Black）进行设置，如图 8-27 所示，手动调整柱形图大小，调整后的簇状柱形图如图 8-28 所示。

图 8-26　X、Y 轴设置

图 8-27　标题栏设置

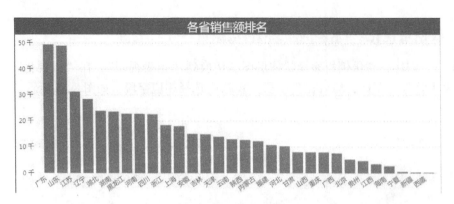

图 8-28　调整后的簇状柱形图

步骤 3：将上述的簇状柱形图复制粘贴一份，然后单击"可视化"窗格上的"树状图"图标，将其转换为树状图，选择相应字段，并修改标题，如图 8-29 所示。树状图上的区域大小和颜色深浅会随着销售额的变化而变化。

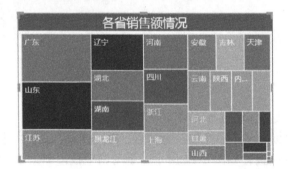

图 8-29　构建树状图

步骤 4：将上述的簇状柱形图转换为饼图，并设置相应字段，结果如图 8-30 所示。

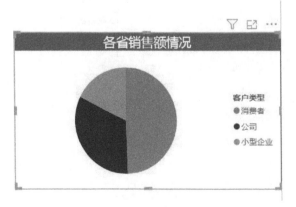

图 8-30　构建饼图

步骤 5：切换到格式栏，对数据颜色进行设置，如图 8-31 所示。将图例设为"关"，详细信息设为"开"，标签样式选项下选择"类别，总百分比"，如图 8-32 所示。最后将标题修改为"客户类型订单占比情况"，调整饼图大小，最终结果如图 8-33 所示。

图 8-31　设置数据颜色　　　　　　　　　图 8-32　设置标签样式

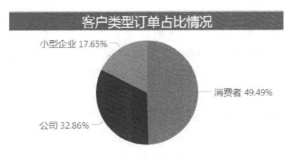

图 8-33　调整后的饼图

步骤 6：将之前生成的簇状柱形图转换成折线图，并设置相应字段，并将标题修改为"各月份销售额情况"，如图 8-34 所示。

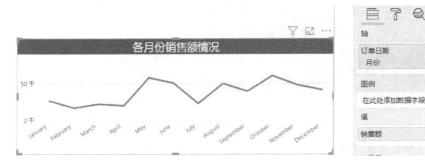

图 8-34　折线图设置

步骤 7：将之前生成的簇状柱形图转换成多行卡，并设置相应字段，如图 8-35 所示。切换到格式栏，将多行卡的标题修改为"各大区销售额"，将卡片图下方的显示数据条设为"开"，如图 8-36 所示。

图 8-35 选择多行卡图　　　　　　　　　　图 8-36 多行卡格式设置

步骤 8：插入文本框，输入标题"连锁商超运营数据可视化分析"，并调整格式。在"可视化"窗格中选择"切片器"图标，将字段"地区"拖入到"轴"下，由于"轴"下有两个字段，因此可以实现数据钻取功能，如图 8-37 所示。

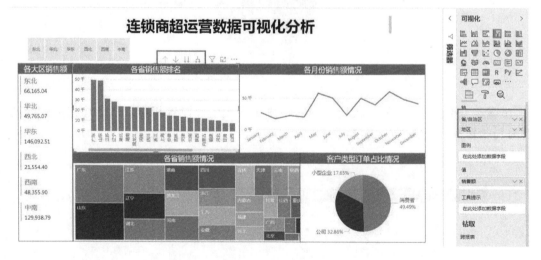

图 8-37 添加标题、切片器和钻取功能

步骤 9：当单击柱形图上方的单、双向下箭头时，可实现对省份和大区的数据钻取，分别如图 8-38 和图 8-39 所示。

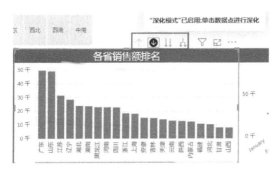

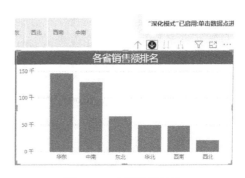

图 8-38　省份数据钻取　　　　　　　　　　　图 8-39　大区数据钻取

　　步骤 10：将柱形图、饼图、折线图、多行卡等图表位置调整对齐，最终结果如图 8-40
所示。可以看出，广东省和山东省的销售额最高，个人消费者订单占比最高，约占 50%，
东北大区销售额最高，中南地区销售额最低，每月的销售额变化相对稳定。

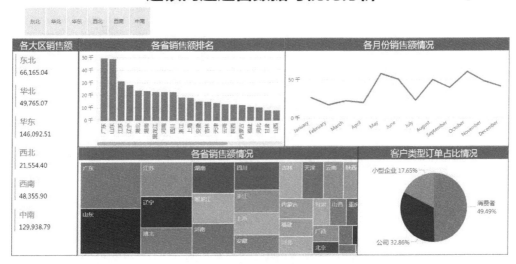

图 8-40　最终结果展示

8.3　某零售企业库龄与存货周转率可视化分析

　　案例概述：本案例是对一家零售企业截至 2020 年 12 月 31 日的主打产品的库存和销售
数据进行分析，通过利用 Power BI 构建可视化图表，分析主打产品的库存、库龄及存货周
转率的数据表现。库龄越高，说明商品周转慢，存在临期的风险。库存周转率既是财务指
标，也是仓储管理的核心指标，体现的是资金的使用效率和仓储运营效率。及时监控并预警

存货的库龄情况和提高存货周转效率，能加快资金的周转速度，提升企业盈利能力。案例数据取自第 8 章素材 \ 某零售企业库龄与存货周转可视化分析/库存数据表 . xlsx。

8.3.1 数据清洗：数据导入与整理

步骤 1：启动 Power BI Desktop，执行"主页"→"获取数据"→"Excel"，获取案例数据；在"导航器"中勾选"库存数据表"，单击"转换数据"，进入 Power Query 查询编辑器页面，如图 8-41 所示。

图 8-41　导入数据

步骤 2：按住〈Ctrl〉键的同时，用鼠标选中列中为 null 的两个空列字段，右键选择"删除列"，将空列删除，如图 8-42 所示。

图 8-42　删除空列

步骤 3：如图 8-43 所示，选择"添加列"→"自定义列"选项，将自定义列的新列名重命名为"销售成本"，自定义列公式输入"［采购价］＊［销量］"。单击"确认"按钮，结果如图 8-44 所示。最后，选择"主页"→"关闭并应用"选项，数据导入 Power BI Desktop 中，数据整理过程完毕。

图 8-43　添加自定义列

图 8-44　新列"销售成本"

8.3.2　数据建模：构建库龄与库存周转率指标

步骤 1：分别建立度量值：销售数量；销售金额；库存量；库存金额。在 Power BI 的"建模"选项卡中选择"新建度量值"，分别建立如下度量值公式：

销售数量 = SUM（'库存数据表'［销量］）

销售金额 = SUM（'库存数据表'［销售额］）

库存量 = SUM（'库存数据表'［库存数量］）

库存金额 = SUMX（'库存数据表', '库存数据表'［采购价］ * '库存数据表'［库存量］）

步骤 **2**：计算库龄。库龄即上市日期和当前日期的差值，DAX 函数中，DATEDIFF 函数用于计算两个日期之间的差值，前两个参数分别为初始日期和结束如期，第三个参数是指计算差值返回的单位，为年份、月份或日等。新建列，输入公式"库龄 = DATEDIFF（'库存数据表'［上市日期］, '库存数据表'［当前日期］, MONTH）"，结果如图 8-45 所示。

商品编码	类别	年份	当前日期	上市日期	采购量	采购价	零售价	销量	销售额	库存数量	销售成本	库龄
D001101	手机	2020	2020年12月31日	2019年3月1日	95	3899.71875000786	5000	10	50000	85	38997.1875	21
D001102	平板	2020	2020年12月31日	2019年3月1日	56	2231.35505879926	1330	18	23940	38	40164.39106	21
D001103	打印机	2020	2020年12月31日	2019年3月1日	55	124.965730028474	700	14	9800	41	1749.52022	21
D001104	点读机	2020	2020年12月31日	2019年3月1日	52	11461.6592836557	12100	25	302500	27	286541.4821	21
D001105	打印机	2020	2020年12月31日	2019年3月1日	93	408.720588977386	700	17	11900	76	6948.250013	21
D001106	手机	2020	2020年12月31日	2019年3月1日	109	6230.37217977846	5000	39	195000	70	242984.515	21
D001107	平板	2020	2020年12月31日	2019年3月1日	65	1996.85395965078	1330	19	25270	46	37940.22523	21
D001108	手机	2020	2020年12月31日	2019年9月1日	114	640.314882298969	700	30	21000	84	19209.44647	15
D001109	点读机	2020	2020年12月31日	2019年9月1日	112	10836.932574423	12100	21	254100	91	227575.5841	15
D001110	手机	2020	2020年12月31日	2019年9月1日	126	904.351348961526	5000	38	190000	88	34365.35126	15
D001111	平板	2020	2020年12月31日	2019年9月1日	73	720.552976620814	1330	22	29260	51	15852.16549	15
D001112	打印机	2020	2020年12月31日	2019年10月1日	77	595.286589421588	700	34	23800	43	20239.74404	14
D001113	打印机	2020	2020年12月31日	2019年10月1日	48	580.716799547233	900	22	19800	26	12775.76959	14
D001114	点读机	2020	2020年12月31日	2019年10月1日	57	20865.7396534414	12100	38	459800	19	792898.1068	14
D001115	平板	2020	2020年12月31日	2019年10月1日	91	1497.36474131083	1330	17	22610	74	25455.2006	14
D001116	打印机	2020	2020年12月31日	2019年10月1日	73	1464.8678096511	900	32	28800	41	46875.76991	14
D001117	打印机	2020	2020年12月31日	2019年10月1日	9	577.509536961642	900	9	8100	0	5197.585833	14
D001118	手机	2020	2020年12月31日	2019年10月1日	39	7625.40607093395	5000	37	185000	2	282140.0246	14
D001119	平板	2020	2020年12月31日	2020年2月1日	106	1055.13369748373	1330	10	13300	96	10551.33697	10
D001120	打印机	2020	2020年12月31日	2020年2月1日	110	738.529373067237	900	26	23400	84	19201.7637	10

图 8-45　新建"库龄"列

步骤 **3**：用 SWITCH 函数对库龄进行分组。新增一列，输入公式：

"库龄区间 = SWITCH（

TRUE()，

'库存数据表'［库龄］ < =3,"3 个月以下"，

'库存数据表'［库龄］ < =6,"3 – 6 个月"，

'库存数据表'［库龄］ < =9,"6 – 9 个月"，

'库存数据表'［库龄］ < =12,"9 – 12 个月"，

"一年以上"）"

结果如图 8-46 所示。

步骤 **4**：建立库存周转率和毛利率指标。

库存周转率 = 销售成本/平均存货余额

其中，平均存货余额 =（期初采购总成本 + 期末库存总金额）/2

为了公式便于易读，采取自定义公式。创建库存周转率度量值，公式如下：

库存周转率 =

VAR Pur =

SUMX('库存数据表',［采购价］ * ［采购量］)

```
1  库龄区间 = SWITCH(
2   TRUE(),
3   '库存数据表'[库龄]<=3,"3个月以下",
4   '库存数据表'[库龄]<=6,"3-6个月",
5   '库存数据表'[库龄]<=9,"6-9个月",
6   '库存数据表'[库龄]<=12,"9-12个月",
7   "一年以上")
```

商品编码	类别	年份	当前日期	上市日期	采购量	采购价	零售价	销量	销售额	库存数量	销售成本	库龄	库龄区间
D001101	手机	2020	2020年12月31日	2019年3月1日	95	3899.71875000786	5000	10	50000	85	38997.1875	21	一年以上
D001102	平板	2020	2020年12月31日	2019年3月1日	56	2231.35505879926	1330	18	23940	38	40164.39106	21	一年以上
D001103	打印机	2020	2020年12月31日	2019年3月1日	55	124.965730028474	700	14	9800	41	1749.52022	21	一年以上
D001104	点读机	2020	2020年12月31日	2019年3月1日	52	11461.6592836557	12100	25	302500	27	286541.4821	21	一年以上
D001105	打印机	2020	2020年12月31日	2019年3月1日	93	408.720588977386	700	17	11900	76	6948.250013	21	一年以上
D001106	手机	2020	2020年12月31日	2019年3月1日	109	6230.37217977846	5000	39	195000	70	242984.515	21	一年以上
D001107	平板	2020	2020年12月31日	2019年3月1日	65	1996.85395965078	1330	19	25270	46	37940.22523	21	一年以上
D001108	打印机	2020	2020年12月31日	2019年9月1日	114	640.314882298969	700	30	21000	84	19209.44647	15	一年以上
D001109	点读机	2020	2020年12月31日	2019年9月1日	112	10836.932574423	12100	21	254100	91	227575.5841	15	一年以上
D001110	手机	2020	2020年12月31日	2019年9月1日	126	904.351348961526	5000	38	190000	88	34365.35126	15	一年以上
D001111	平板	2020	2020年12月31日	2019年9月1日	73	720.552976620814	1330	22	29260	51	15852.16549	15	一年以上
D001112	打印机	2020	2020年12月31日	2019年10月1日	77	595.286589421588	700	34	23800	43	20239.74404	14	一年以上
D001113	打印机	2020	2020年12月31日	2019年10月1日	48	580.716799547233	900	22	19800	26	12775.76959	14	一年以上
D001114	点读机	2020	2020年12月31日	2019年10月1日	57	20865.7396534414	12100	38	459800	19	792898.1068	14	一年以上

图 8-46　对库龄进行分组

RETURN

$DIVIDE(SUM('库存数据表'[销售成本]),DIVIDE('库存数据表'[库存金额]+Pur,2))$

为了检测不同品类的盈利情况，建立毛利率度量值。毛利率 = DIVIDE（'库存数据表'[销售金额] －SUM（'库存数据表'[销售成本]),'库存数据表'[销售金额])

8.3.3　数据可视化：制作多维度存货分析可视化仪表盘

步骤 1：创建库龄区间瀑布图。切换到"报表视图"，选择"可视化"窗格中的"瀑布图"，并设定相应字段，如图 8-47 所示。

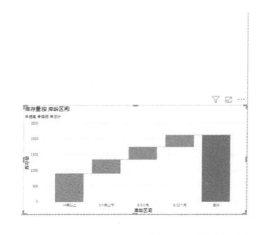

图 8-47　创建瀑布图

步骤 2：设置瀑布图格式。切换到"格式视图"。右击"库存量"，选择将值显示为"占总计的百分比"，瀑布图中的 Y 轴和图形数字标签变成以百分比显示，如图 8-48 所示，修改标题文字、大小、背景色、居中对齐、字体系列（设为 Arial Black），加上边框，瀑布图如图 8-49 所示。

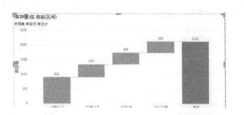

图 8-48　修改值显示

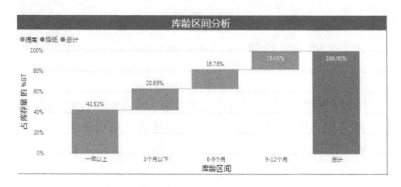

图 8-49　结果展示

步骤 3：创建多行卡。在"可视化"窗格中选择"多行卡"，将前面创建的度量值"库存量""库存金额"及"库存周转率"拖入多行卡，如图 8-50 所示。选中"库存周转率"字段，并将格式设置为"十进制数字"，小数点位数设为"2"，插入的多行卡如图 8-51 所示。

图 8-50　插入多行卡

图 8-51　调整小数位

步骤 4：选择"主页"→"更多视觉对象"→"从 AppSource"选项，搜索并添加自定义图表 Chiclet Slicer（品类切片器，属于第三方组件，目前免费），如图 8-52 所示。

图 8-52　搜索添加切片器 Chiclet Slicer

步骤 5：在"可视化"窗格中选择 Chiclet Slicer，创建品类切片器，加入"类别"字段，如图 8-53 所示。切换到格式栏，将文本设为 14，在常规选项下将列和行均设为 2，切片器上下数据就对称了，如图 8-54 所示。

图 8-53　创建品类切片器　　　　　　　　　　图 8-54　调整切片器格式

步骤 6：切片器默认是按照拼音字母顺序排列的，由于手机和平板销售占比最高，也是公司最关注的产品，应该放在左上角第一的位置，因此需要调整顺序。可以通过建立顺序表实现。主页菜单栏选择"输入数据"，在"创建表"中手动输入品类和对应的顺序，单击"加载"按钮，如图 8-55 所示，完成品类顺序表的创建。

图 8-55　创建品类顺序表

步骤 7：切换到“关系视图”，将品类顺序表的“品类”拖拽到库存数据表的“类别”列，两个表之间建立了一对多的关系，品类顺序表为维度表，库存数据表为事实表，如图 8-56 所示。

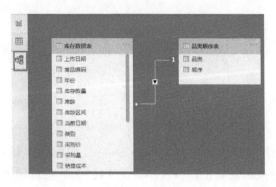

图 8-56　构建一对多的关系

步骤 8：切换到“建模”选项卡，单击“新建列”，在库存数据表中新建列，然后使用 RELATED 函数将品类顺序表中的顺序字段引入到库存数据表中，如图 8-57 所示。

商品编码	类别	年份	当前日期	上市日期	采购量	采购价	零售价	销量	销售额	库存数量	销售成本	库龄	库龄区间	顺序
D001101	手机	2020	2020年12月31日	2019年3月1日	95	3899.71875000786	5000	10	50000	85	38997	21	一年以上	1
D001102	平板	2020	2020年12月31日	2019年3月1日	56	2231.35505879926	1330	18	23940	38	40164	21	一年以上	2
D001103	打印机	2020	2020年12月31日	2019年3月1日	55	124.965730028474	700	14	9800	41	1750	21	一年以上	3
D001104	点读机	2020	2020年12月31日	2019年3月1日	52	11461.6592886557	12100	25	302500	27	286541	21	一年以上	4
D001105	打印机	2020	2020年12月31日	2019年3月1日	93	408.720588977386	700	17	11900	76	6948	21	一年以上	3
D001106	手机	2020	2020年12月31日	2019年3月1日	109	6230.37217977846	5000	39	195000	70	242985	21	一年以上	1
D001107	平板	2020	2020年12月31日	2019年3月1日	65	1996.85395965078	1330	19	25270	46	37940	21	一年以上	2
D001108	打印机	2020	2020年12月31日	2019年9月1日	114	640.314882298969	700	30	21000	84	19209	15	一年以上	3
D001109	点读机	2020	2020年12月31日	2019年9月1日	112	10836.932574423	12100	21	254100	91	227576	15	一年以上	4
D001110	手机	2020	2020年12月31日	2019年9月1日	126	904.351348961526	5000	38	190000	88	34365	15	一年以上	1
D001111	平板	2020	2020年12月31日	2019年9月1日	73	720.552976620814	1330	22	29260	51	15852	15	一年以上	2
D001112	打印机	2020	2020年12月31日	2019年10月1日	77	595.286589421588	700	34	23800	43	20240	14	一年以上	3
D001113	打印机	2020	2020年12月31日	2019年10月1日	48	580.716799547233	900	22	19800	26	12776	14	一年以上	3
D001114	点读机	2020	2020年12月31日	2019年10月1日	57	20865.7396534414	12100	38	459800	19	792898	14	一年以上	4
D001115	平板	2020	2020年12月31日	2019年10月1日	91	1497.36474131083	1330	17	22610	74	25455	14	一年以上	2

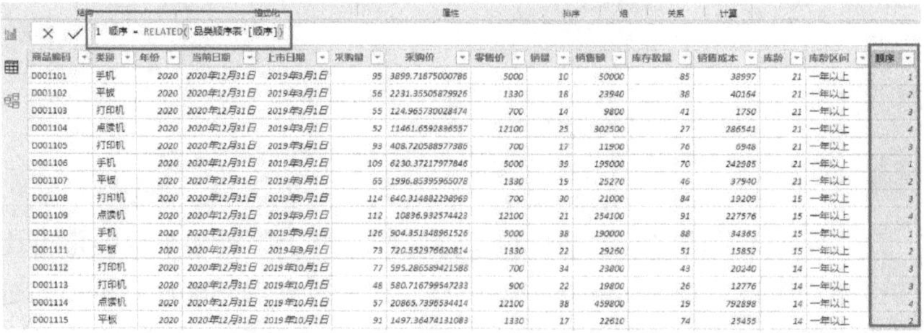

图 8-57　RELATED 函数引入品类的对应顺序

步骤 9：切换到“数据视图”，在数据界面选中“类别”列，排列顺序选择“顺序”，如图 8-58 所示，这样在切片器中，品类就会按照已经设定的顺序进行排列了。举一反三，当制作诸如折线图时，如果要按照自定义的顺序在横轴上展示（比如日期或类别），也可采用同样的方法。

步骤 10：将前面制作好的瀑布图转换为簇状柱形图，创建各个品类的毛利率柱形图，设定相应字段，并选择“毛利率”度量值，在菜单栏选择“%”，生成的柱形图如图 8-59 所示。

步骤 11：在格式栏中将柱形图标题修改为“毛利率分析”，将其他图表和切片图一起排版，调整页面和边框对齐，插入文本框，输入标题“2020 年底存货数据可视化分析”，最后生成的可视化图表如图 8-60 所示。

图 8-58 选择排列顺序

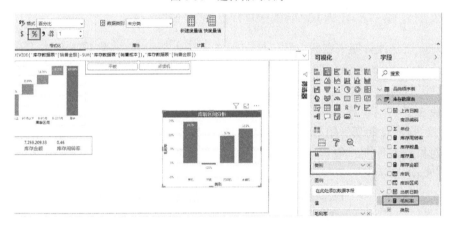

图 8-59 创建毛利率柱形图

2020年底存货数据可视化分析

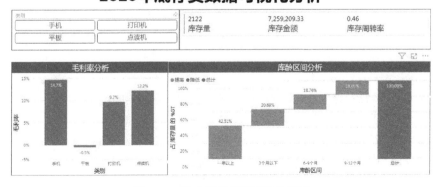

图 8-60 组合调整后的可视化图表

8.4 某公司 HR 人员结构数据可视化分析

案例概述：本案例是对某公司人力资源系统中导出的人员信息表，利用 Power BI 构建模型分析人员结构，为后续的人力资源优化提供参考。本案例重点是数据建模，力求详细解析 DAX 公式的实现思路。案例数据取自第 8 章素材 \ HR 人员结构数据可视化分析 \ 人员信息表.xlsx。

8.4.1 数据清洗：获取并整理数据

启动 Power BI Desktop，选择"主页"→"获取数据"→"Excel"选项，导入"人员信息表.xlsx"，单击"加载"按钮，进入 Power Query 查询编辑器页面。需要检查数据有无错误提示，尤其是每一列的数据类型是否正确，检查无误后，选择"关闭并应用"选项，数据即导入到了 Power BI 中。

8.4.2 数据建模：搭建人员结构模型并新建度量值

本节的重点是计算期末在职人数、该期间新入职人数以及 30 岁以下员工占比。常规条件下，通过"Calculate + 条件"即可实现。本案例由于需要用到时间切片器，动态显示在切片器选择特定日期的筛选条件下的在职人士、新入职人数和 30 岁以下员工占比，因此公式的稍微复杂一些。

步骤 1：新建日期表。用 CALENDARAUTO 函数新建表，此函数将自动抓取所有日期中的最小日期和最大日期，包含了现有表中的所有日期范围。将日期表字段名修改为"日期"，如图 8-61 所示。

图 8-61 新建日期表

步骤 2：在日期表中分别新建三列：年、季度、月。公式如下：

年 = YEAR('日期表'[日期])

月 = MONTH('日期表'[日期])

季度 = "Q" &FORMAT('日期表'[日期]," Q")

同时，在员工信息表中新建列：出生年份 = MAX（'员工信息'[出生年份]）

步骤 3：新建度量值"期末在职人数"，DAX 公式如图 8-62 所示。

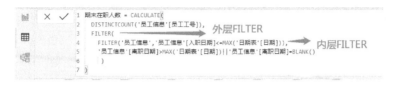

图 8-62　新建"期末在职人数"度量值

公式解析：

- 因为是求一个具体的值——员工人数，所以用到 CALCULATE + DISTINCTCOUNT 对所有员工进行非重复计数，统计的是所有的人数。
- 内层 FILTER 函数对员工信息表进行筛选，是针对切片器选择特定日期时的筛选。例如，当切片器选择了 2016 年，那么筛选范围就是入职日期小于 2016/12/31 的所有信息。再次提醒，FILTER 函数返回的是一张经过筛选后的虚拟表。
- 外层 FILTER 函数是对内层 FILTER 函数筛选的范围再次筛选，即保留离职日期大于当前切片器选择的最大日期的人员，或者离职日期为空（没有离职）的人员，这两类人员即是当前切片器日期范围下的所有在职人员。
- 最后，针对上述筛选范围，进行非重复计数。

步骤 3：新建度量值"期间新入职人数"，DAX 公式如图 8-63 所示。

```
1  期间新入职人数 = CALCULATE(
2    DISTINCTCOUNT('员工信息'[员工工号]),
3    FILTER(
4      FILTER('员工信息','员工信息'[入职日期]<=MAX('日期表'[日期])&&'员工信息'[入职日期]>=MIN('日期表'[日期])
5      ),
6      '员工信息'[离职日期]>MAX('日期表'[日期])||'员工信息'[离职日期]=BLANK()
7    )
8  )
```

图 8-63　新建"期间新入职人数"度量值

公式解析：

- CALCULATE + DISTINCTCOUNT 与计算在职人数用法相同。
- 内层 FILTER 函数是对员工信息表进行筛选，是针对切片器选择特定日期时的筛选。
- 外层 FILTER 函数再次缩小范围，保留在该切片日期范围之外离职的人员及未离职人员。例如，切片器选择 2017Q1，则只截取 2017/1/1 至 2017/3/31 入职的人员。所以，离职日期要大于 2017/3/31 时，才算是当前切片时条件下的新入职人员。

步骤 4：新建度量值："30 岁以下员工占比"。

年龄 = MAX（'日期表'［年］）－ MAX（'员工信息'［出生日期］.［年］）

30 岁以下员工占比的度量值公式如图 8-64 所示。

图 8-64　员工占比度量值公式

公式解析：

- 30 岁以下员工占比，即分别要求 30 岁以下员工总数和总人数。
- 30 岁以下员工人数，使用 FILTER 函数筛选。
- VAR 自定义函数写法，目的是使公式简洁易读。
- ALLSELECTED 函数用于清除内筛选器，保留外筛选器，返回满足外侧筛选的所有行。
- 最后，用 DIVIDE 安全除法将两者相除。

8.4.3　数据可视化：建立基于日期、部门、职称等的多维度可视化分析仪表盘

步骤 1：制作年份、季度切片器，字段为日期表中的年份和季度，在页面筛选器中设置年份"大于或等于 2016"，单击"应用筛选器"，显示最近的年份即可，如图 8-65 所示。

步骤 2：制作卡片图，字段分别选择期间新入职人数、30 岁以下员工占比、期末在职人数。选中度量值"30 岁员工占比"，在菜单栏"格式"中单击"%"选项，将该数值以百分比形式显示，如图 8-66 所示。

图 8-65　年份页面筛选器设置

图 8-66　制作卡片图

步骤 3：制作各部门在职人数条形图，图形如图 8-67 所示。制作三个环形图，分别按性别、部门、文化程度展示，图形如图 8-68 所示。

步骤 4：制作月度在职人数变化趋势图，选择"折线和簇状柱形图"，字段设置如图 8-69 所示。

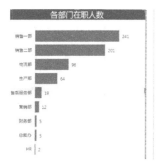

图 8-67　制作条形图

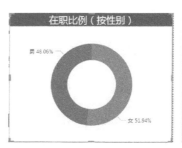

图 8-68　制作环形图

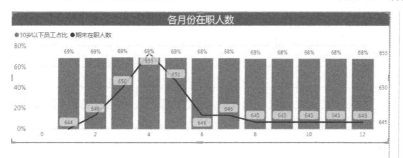

图 8-69　折线和簇状柱形图

步骤 5：插入文本框，输入标题 "HR 人员结构数据可视化分析"，调整字体大小，将制作好的可视化图表组合在一起排版，调整页面和边框对齐，最终结果如图 8-70 所示。可以看出，该企业员工以销售人员为主，男女比例相对均衡，员工非常年轻，2017 年人员增速

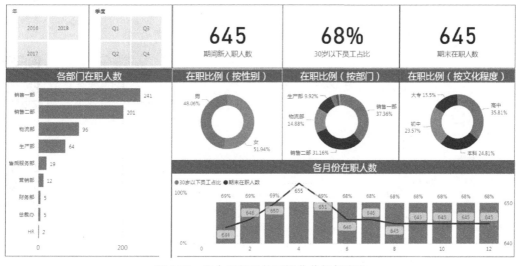

图 8-70　组合调整后的可视化分析仪表盘

较快，2018 年放缓，可能是业务发展需求所致。

8.5　某上市公司财务报表可视化分析

　　案例概述：上市公司财务报表是企业经营信息全方位展示的重要途径之一，具有完整、准确、及时、标准化的特征，是企业进行经营决策、投资决策等各类决策的主要依据。企业通过 BI 分析财务报表，使用户快速洞察财务数据背后的趋势和业务本质。简单地说，上市公司财务报表分析，就是三大报表和五大能力的分析。三大报表即资产负债表、利润表、现金流量表，五大能力主要是偿债能力、营运能力、盈利能力、发展能力、市场价值等。本案例以上市公司长城汽车的财务数据为基础，通过 Power BI 进行财务报表及各种财务能力可视化分析。案例数据取自第八章素材 \ 某上市公司财务报表可视化分析 \ 长城汽车财务报表 .xlsx。

8.5.1　数据获取与数据整理

　　步骤 1：打开"新浪财经"网页，注册并登录新浪财经账号。搜索长城汽车股票代码"601633"，找到"财务数据"，在最底端选择下载全部数据到 Excel 文件中，如图 8-71 所示。注意：下载的 Excel 文件是 2007 版本，需要复制粘贴到 Excel2016 版本及以上的表格中，否则 Power BI 软件无法导入。

学习视频 23

学习视频 24

学习视频 25

图 8-71　新浪财经长城汽车财务报表数据

步骤 2：依次将下载的三大报表（资产负债表、利润表和现金流量表）复制到 "长城汽车财务报表.xlsx" 文件中，新增年度、现金流量表分类、利润表索引 3 个维度表。分别如图 8-72、图 8-73、图 8-74 所示。

	A	B
1	年度	
2	2015	
3	2016	
4	2017	
5	2018	
6	2019	
7		

图 8-72　新增的年度表

	A	B
1	CF类别1	CF类别2
2	经营活动	现金流入
3	经营活动	现金流出
4	投资活动	现金流入
5	投资活动	现金流出
6	筹资活动	现金流入
7	筹资活动	现金流出
8	其他	其他
9		

图 8-73　新增的现金流量表分类

	A	B
1	报表项目	索引
2	一、营业总收入	1
3	营业收入	2
4	二、营业总成本	3
5	营业成本	4
6	营业税金及附加	5
7	销售费用	6
8	管理费用	7
9	财务费用	8
10	资产减值损失	9
11	公允价值变动收益	10
12	投资收益	11
13	其中:对联营企业和合营企业的投资收益	12
14	汇兑收益	13
15	三、营业利润	14
16	加:营业外收入	15
17	减:营业外支出	16
18	其中:非流动资产处置损失	17
19	四、利润总额	18
20	减:所得税费用	19
21	五、净利润	20
22	归属于母公司所有者的净利润	21
23	少数股东损益	22
24	基本每股收益(元/股)	23
25	稀释每股收益(元/股)	24
26	七、其他综合收益	25
27	八、综合收益总额	26
28	归属于母公司所有者的综合收益总额	27
29	归属于少数股东的综合收益总额	28
30		

图 8-74　新增的利润表索引

步骤 3：整理资产负债表。

1）资产负债表只保留 5 年数据（2015—2019 年），即只保留每年 12 月 31 日这一列日期的数据，字段标题改为年。

2）资产负债表中除了以下七项合计不能删除，其他末级报表项目合计项需要删除。

- 流动资产合计。
- 非流动资产合计。
- 资产合计。
- 流动负债合计。
- 非流动负债合计。
- 负债合计。
- 所有者权益（或股东权益）合计。

3）新增两列：BS 类目 1，BS 类目 2，整理后的资产负债表如图 8-75 所示。特别提醒：有时在互联网上下载的资产负债表明细科目有缺失，导致资产加负债不等于所有者权益，因此需要进行上述步骤 2 的方法操作，或者在其他更严谨的财经网站上下载上市公司财务数据（如巨潮网）。

	A	B	C	D	E	F	G	H
1	BS类别1	BS类别2	报表项目	2019	2018	2017	2016	2015
2	资产	流动资产	货币资金	9723312735	7682083569	4831349325	2.15E+09	3.64E+09
3	资产	流动资产	交易性金融资产	4362692217	3177643131	317994432	0	0
4	资产	流动资产	衍生金融资产	380777.69				
5	资产	流动资产	应收票据及应收账款	3193188485	3343220862	4.9949E+10	4.03E+10	0
6	资产	流动资产	应收票据	0		4.9075E+10	3.98E+10	2.82E+10
7	资产	流动资产	应收账款	3193188485	3343220862	873444977	5.18E+08	6.76E+08
8	资产	流动资产	应收款项融资	31445748809				
9	资产	流动资产	预付款项	441162238.5	440800952.3	579536182	1.06E+09	8.81E+08
10	资产	流动资产	应收利息	228748.88	741275.17	28355788.7	12418122	5130560
11	资产	流动资产	应收股利	0			0	9791752
12	资产	流动资产	其他应收款	946745623.3	650996501.1	297891725	2.51E+08	1.02E+08
13	资产	流动资产	买入返售金融资产					
14	资产	流动资产	存货	6237193916	4445104833	5574771950	6.06E+09	4.12E+09
15	资产	流动资产	划分为持有待售的资产					
16	资产	流动资产	一年内到期的非流动资产	807562885.4	12440648243	7447875069	1.2E+09	1.02E+09
17	资产	流动资产	待摊费用	0	0	0	0	0
18	资产	流动资产	待处理流动资产损益	0	0	0	0	0
19	资产	流动资产	其他流动资产	11343946670	33945054443	267000054	1.45E+09	1.77E+09
20			流动资产合计	68502163106	66126293811	6.9293E+10	5.39E+10	4.04E+10
21	资产	非流动资产	发放贷款及垫款	0	5816518883	4428694699	3.08E+09	5.61E+08
22	资产	非流动资产	可供出售金融资产	0	0	7700000	7700000	7200000
23	资产	非流动资产	持有至到期投资	70000000	70000000	0	0	0
24	资产	非流动资产	长期应收款	1295037499	145875825.4	0	1.36E+09	1.61E+09
25	资产	非流动资产	长期股权投资	3112651356	0	0	0	18006940
26	资产	非流动资产	投资性房地产	322196530.2	183718426	126047996	1.28E+08	21474328
27	资产	非流动资产	在建工程	0	0	4878838564	4.86E+09	6.24E+09
28	资产	非流动资产	工程物资	0	0	0	0	0
29	资产	非流动资产	固定资产净额	29743309551	28993553495	2.7718E+10	2.47E+10	1.92E+10

图 8-75　整理后的资产负债表

步骤 4：整理利润表和现金流量表。用同样的方法操作，均只保留 5 年数据（2015—2019 年），在现金流量表中添加"CF 类别 1""CF 类别 2"两列。整理后的利润表和现金流量表分别如图 8-76 和图 8-77 所示。

步骤 5：将整理好的"长城汽车财务报表.xlsx"导入 Power BI Desktop，由于日期列展示形式为二维表，需要转换为一维表。选择"转换数据"，在 Power Query 界面选中前三列，即"BS 类别 1""BS 类别 2""报表项目"列，对其他列逆透视，结果如图 8-78 所示。对利润表和现金流量表进行类似操作，附注后的内容行需要删除。

报表项目	2019	2018	2017	2016	2015
一、营业总收入	9.6211E+10	99229987202	1.01169E+11	98615702427	76033142506
营业收入	9.5108E+10	97799859205	1.00492E+11	98443665116	75954585965
二、营业总成本	9.1409E+10	93310650474	95777405782	86369570982	66850601966
营业成本	7,9684E+10	81480942551	81966903619	74360223523	56863911403
营业税金及附加	3168023014	3027380378	3905688131	3832806426	2886285767
销售费用	3896669879	4575198601	4406397762	3175424411	2841565090
管理费用	1955453367	1676303701	4963038731	4574696894	4030603967
财务费用	-351029084	-493875195.1	138601073.5	-3858556.4	139370863.4
研发费用	2716220368	1743379055	0	0	0
资产减值损失	0	136529190.6	317078673.2	413153033.9	81851055.83
公允价值变动收益	-73302005	-140351300.7	175396032	0	-214440
投资收益	15505068.6	219270174.6	124224831	30347821.12	98096748.64
其中:对联营企业和合营企业的投资收益	303706938	0	0	0	7835819.6
汇兑收益					
三、营业利润	4776843557	6232037347	5854152410	12276479267	9280422849
加:营业外收入	342124332	252879918.8	390688537.1	248928208.5	467345017.9
减:营业外支出	18411507.7	7845252.3	11874951.25	42346681.98	59191106.1
其中:非流动资产处置损失	0	0	0	17127374.19	47235683.93
四、利润总额	5100556381	6477072014	6232965995	12483060793	9688576761
减:所得税费用	569823511	1229432879	1189579539	1929106149	1628212004
五、净利润	4530732870	5247639135	5043386457	10553954644	8060364757
归属于母公司所有者的净利润	4496874894	5207313968	5027297998	10551158884	8059332453

图 8-76　整理后的利润表

CF类别1	CF类别2	报表项目	2019	2018	2017	2016	2015
经营活动	现金流入	销售商品、提供劳务收到的现金	1.12602E+11	1.26E+11	1.19E+11	9.96E+10	8.26E+10
经营活动	现金流入	收到的税费返还	815386595.9	3.32E+08	1.26E+08	46523185	60195007
经营活动	现金流入	收到的其他与经营活动有关的现金	1920990783	2.49E+09	5.27E+08	2.83E+08	4.52E+08
其他	其他	经营活动现金流入小计	1.18838E+11	1.37E+11	1.23E+11	1E+11	8.35E+10
经营活动	现金流出	购买商品、接受劳务支付的现金	81601873859	8.82E+10	9.62E+10	6.91E+10	5.53E+10
经营活动	现金流出	支付给职工以及为职工支付的现金	7118346414	8.55E+09	8.57E+09	6.84E+09	5.91E+09
经营活动	现金流出	支付的各项税费	7320797789	7.39E+09	7E+09	8.75E+09	7.92E+09
经营活动	现金流出	支付的其他与经营活动有关的现金	4283705763	4.94E+09	5.14E+09	4.18E+09	3.47E+09
其他	其他	经营活动现金流出小计	1.04866E+11	1.17E+11	1.25E+11	9.15E+10	7.35E+10
其他	其他	经营活动产生的现金流量净额	13972302435	1.97E+10	-1.1E+10	8.84E+09	1E+10
投资活动	现金流入	收回投资所收到的现金	22084000000	2.3E+10	3.12E+10	1.94E+10	1.46E+10
投资活动	现金流入	取得投资收益所收到的现金	104210402.9	2.06E+08	1.37E+08	36852818	1.09E+08
投资活动	现金流入	处置固定资产、无形资产和其他长期	155270499.1	4.16E+08	65115254	5548426	18393016
投资活动	现金流入	处置子公司及其他营业单位收到的现:	175449788.5	72396866	0	0	1.73E+08
投资活动	现金流入	收到的其他与投资活动有关的现金	640000000	1.55E+08	17375283	72908823	1.02E+08
其他	其他	投资活动现金流入小计	23158930690	2.39E+10	3.14E+10	1.96E+10	1.5E+10
投资活动	现金流出	购建固定资产、无形资产和其他长期	6940322371	6.66E+09	5.82E+09	6.68E+09	5.86E+09
投资活动	现金流出	投资所支付的现金	14210402.9	2.73E+10	2.86E+10	2.11E+10	1.56E+10
投资活动	现金流出	取得子公司及其他营业单位支付的现:	4993792625	3280453	0	12130564	22820656
投资活动	现金流出	支付的其他与投资活动有关的现金	1175000000	0	0	98000000	0
其他	其他	投资活动现金流出小计	38960614996	3.39E+10	3.44E+10	2.79E+10	2.15E+10
其他	其他	投资活动产生的现金流量净额	-15801684305	-1E+10	-3.1E+09	-8.4E+09	-6.5E+09
筹资活动	现金流入	吸收投资收到的现金	20000000	0	65000000	0	0
筹资活动	现金流入	其中：子公司吸收少数股东投资收到		0		0	0
筹资活动	现金流入	取得借款收到的现金	4819026600	1.49E+10	1.73E+10	0	7.43E+08
筹资活动	现金流入	发行债券收到的现金	10517321973				
筹资活动	现金流入	收到其他与筹资活动有关的现金	121390982.2	0		9.22E+08	0
其他	其他	筹资活动现金流入小计	15477739555	1.49E+10	1.73E+10	9.22E+08	7.43E+08

图 8-77　整理后的现金流量表

图 8-78　对日期列逆透视后的结果

步骤 6：将逆透视后的利润表和利润表索引建立合并查询，便于在利润表数据可视化时仍然按照利润表顺序显示，合并查询后的利润表如图 8-79 所示。

图 8-79　合并查询后的利润表

步骤 7：加载数据，进入数据建模阶段。隐藏利润表索引，切换到"关系视图"，将维度表与明细表构建一对多的关系，如图 8-80 所示。

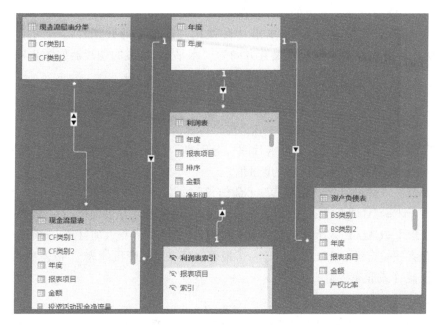

图 8-80 构建关系模型

8.5.2 资产负债表可视化分析

资产负债表，反映企业在某一特定会计期末的财务状况，即资产、负债及所有者权益的状况。用 Power BI 进行资产负债表可视化分析时，需要注意会计的恒等式：资产 = 负债 + 所有者权益。资产负债表可视化分析总览如图 8-81 所示

学习视频 26

学习视频 27

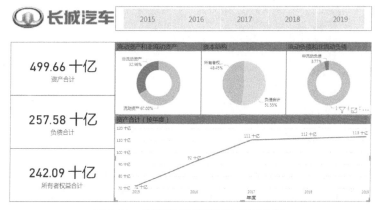

图 8-81 资产负债表可视化分析总览

可以看出，长城汽车近 5 年的总资产持续增长，尤其是 2015～2017 年两年增幅较大，负债率偏高。

实施资产负债表可视化分析的操作步骤如下：

步骤 1：切换到"报表视图"，单击"可视化"窗格下的"切片器"图标，字段选择"年度"，切片器格式下"常规"里设置方向为"水平"，生成的切片器如图 8-82 所示。

图 8-82　生成的年度切片器

步骤 2：插入三个卡片图。通过卡片图，分别显示资产合计、负债合计、所有者权益合计三个关键指标，需要设置如下三个度量值。

- 报表金额 = SUM（'资产负债表'［金额］）
- 资产合计 = CALCULATE（［报表金额］,'资产负债表'［报表项目］ = "资产总计"）
- 负债合计 = CALCULATE（［报表金额］,'资产负债表'［报表项目］ = "负债合计"）
- 所有者权益合计 = CALCULATE（［报表金额］,'资产负债表'［报表项目］ = "所有者权益（或股东权益）合计"）

Tips小贴士

前面提到过，在互联网上下载的资产负债表有时明细科目有缺失，导致资产加负债不等于所有者权益，但是小计和总计是正确的。如果明细科目无缺失，上述资产合计的度量值也可以这样写：资产合计 = CALCULATE（'资产负债表'［报表金额］,'资产负债表'［BS 类别 1］ = "资产"）。

步骤 3：单击"可视化"窗格中的"卡片图"图标，设置如图 8-83 所示的图表属性，生成的卡片图如图 8-84 所示。同样方式设置负债合计和所有者权益合计这两个卡片图。

图 8-83　设置卡片图　　　图 8-84　卡片图格式设置

步骤 4：构建圆环图，反映流动资产与非流动资产的比例关系。单击"可视化"窗格中的"圆环图"，选择相应字段，设置如图 8-85 所示的图表属性，结果如图 8-86 所示。同样方式设置"流动负债与非流动负债"圆环图。

图 8-85　设置圆环图属性

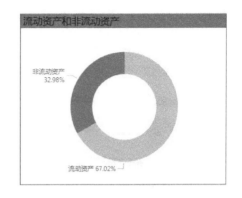

图 8-86　圆环图

步骤 5：插入饼图，反映资本结构负债与所有者权益的比例关系。单击"可视化"窗格下的"饼图"，选择相应字段，设置如图 8-87 所示的图表属性，结果如图 8-88 所示。

图 8-87　设置饼图属性

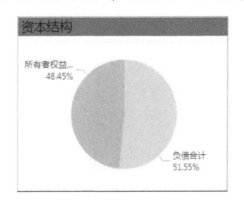

图 8-88　饼图

步骤 6：插入折线图，反映不同年度总资产的变化趋势。单击"可视化"窗格下的"折线图"，选择相应字段，设置如图 8-89 所示的图表属性，结果如图 8-90 所示。

图 8-89　设置折线图属性

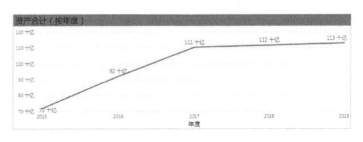

图 8-90　折线图

8.5.3 利润表可视化分析

利润表是反映企业在某一特定会计期间的经营成果。利润表总览如图 8-91 所示，可以看出，长城汽车近 5 年的营收收入和利润增长较为缓慢，从 2017 年开始收入和利润呈下降趋势。

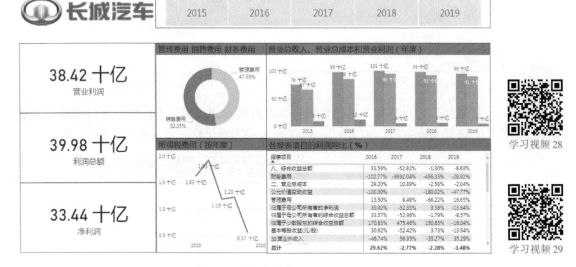

图 8-91　利润表总览

实施利润表可视化分析的操作步骤如下。

步骤 1：插入 3 个卡片图，分别显示营业利润、利润总额和净利润 3 个关键数据。需要新建如下度量值。

- 营业利润 = CALCULATE（SUM（'利润表'［金额］），'利润表'［报表项目］ = "三、营业利润"）
- 利润总额 = CALCULATE（SUM（'利润表'［金额］），'利润表'［报表项目］ = "四、利润总额"）
- 净利润 = CALCULATE（SUM（'利润表'［金额］），'利润表'［报表项目］ = "五、净利润"）

步骤 2：插入 3 个圆环图，显示管理费用、销售费用、财务费用三大期间费用的占比关系。需要新建如下度量值。

- 管理费用 = CALCULATE（SUM（'利润表'［金额］），'利润表'［报表项目］ = "管理费用"）
- 销售费用 = CALCULATE（SUM（'利润表'［金额］），'利润表'［报表项目］ = "销售费用"）

- 财务费用 = CALCULATE（SUM（'利润表'［金额］），'利润表'［报表项目］ = "财务费用"）

步骤 3：插入折线图，反映不同年度所得税费用的变化趋势。需要新建如下度量值。

所得税 = CALCULATE（SUM（'利润表'［金额］），'利润表'［报表项目］ = "减：所得税费用"）

注意："'利润表'［报表项目］ = "减:所得税费用""中的冒号是中文输入法状态。

步骤 4：插入簇状柱形图，反映不同年度营业收入、营业成本、营业利润的增减变化趋势。需要新建如下度量值。

- 营业总收入 = CALCULATE（SUM（'利润表'［金额］），'利润表'［报表项目］ = "一、营业总收入"）
- 营业总成本 = CALCULATE（SUM（'利润表'［金额］），'利润表'［报表项目］ = "二、营业总成本"）

单击"可视化"窗格下的"簇状柱形图"，选择相应字段，设置如图 8-92 所示的图表属性，结果如图 8-93 所示。

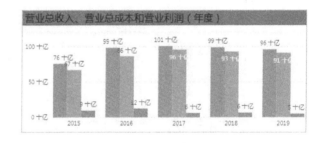

图 8-92 设置柱形图属性　　　　　　　　图 8-93 簇状柱形图

步骤 5：插入矩阵，反映利润表各报表项目的同比情况，新建如下度量值。

- 去年金额 = VAR LastYear =

    SELECTEDVALUE（'利润表'［年度］）－1

    RETURN

    CALCULATE（SUM（'利润表'［金额］），'利润表'［年度］ = LastYear）

- 利润表同比 = if（SELECTEDVALUE（'利润表'［年度］）> 2015，DIVIDE（SUM（'利润表'［金额］） － ［去年金额］，［去年金额］））

单击"可视化"窗格下的"矩阵"，选择相应字段，设置如图 8-94 所示的图表属性，结果如图 8-95 所示。

图 8-94　设置矩阵属性

各报表项目的利润同比（%）				
报表项目	2016	2017	2018	2019
八、综合收益总额	33.59%	-52.82%	-1.30%	-8.63%
财务费用	-102.77%	-3692.04%	-456.33%	-28.92%
二、营业总成本	29.20%	10.89%	-2.58%	-2.04%
公允价值变动收益	-100.00%		-180.02%	-47.77%
管理费用	13.50%	8.49%	-66.22%	16.65%
归属于母公司所有者的净利润	30.92%	-52.35%	3.58%	-13.64%
归属于母公司所有者的综合收益总额	33.57%	-52.96%	-1.79%	-8.57%
归属于少数股东的综合收益总额	170.83%	475.46%	150.65%	-16.04%
基本每股收益(元/股)	30.92%	-52.42%	3.73%	-13.64%
加:营业外收入	-46.74%	56.95%	-35.27%	35.29%
总计	29.62%	-2.77%	-2.28%	-3.48%

图 8-95　矩阵

8.5.4　现金流量表可视化分析

现金流量表是反映企业在某一时期内企业经营活动、投资活动和筹资活动对其现金及现金等价物所产生影响的财务报表。现金流量表可视化分析总览如图 8-96 所示，可以看出，经营活动现金净流量占比最大，2016～2017 年该公司现金流量增长较快，从 2017 年开始增长放缓并逐步下降。

学习视频 30

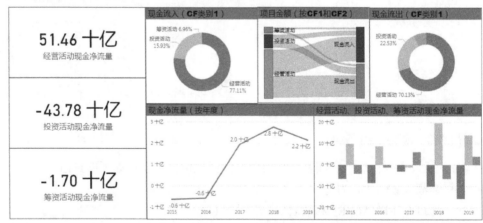

图 8-96　现金流量表可视化分析总览

实施现金流量表可视化分析的操作步骤如下。

步骤 1：插入 3 个卡片图，分别显示经营活动现金净流量、投资活动现金净流量、筹资活动现金净流量。需要新建如下 3 个度量值：

- 经营活动现金净流量 = CALCULATE（SUM（'现金流量表'［金额］），'现金流量表'

［报表项目］＝"经营活动产生的现金流量净额"）

- 投资活动现金净流量＝CALCULATE（SUM（'现金流量表'［金额]），'现金流量表'
  ［报表项目］＝"投资活动产生的现金流量净额"）
- 筹资活动现金净流量＝CALCULATE（SUM（'现金流量表'［金额]），'现金流量表'
  ［报表项目］＝"筹资活动产生的现金流量净额"）

步骤 2：插入圆环图，显示不同活动的现金流入、现金流出状况。需要新建如下度量值：

- 现金流入＝CALCULATE（SUM（'现金流量表'［金额]），'现金流量表'［CF 类别 2］
  ＝"现金流入"）
- 现金流出＝CALCULATE（SUM（'现金流量表'［金额]），'现金流量表'［CF 类别 2］
  ＝"现金流出"）

步骤 3：插入折线图，反映不同年度现金净流量的变化趋势。需要新建如下度量值。

现金净流量＝CALCULATE（SUM（'现金流量表'［金额]），'现金流量表'［报表项目］＝"五、现金及现金等价物净增加额"）

步骤 4：插如簇状柱形图，反映不同年度经营活动、投资活动、筹资活动现金净流量的增减变化趋势。插入簇状柱形图的操作在此不再重复赘述。

步骤 5：插入桑基图，反映经营活动、投资活动、筹资活动的现金流入和现金流出的对比变化，桑基图往往用来反映流入流出的流量变化。需要新建如下度量值。

项目金额＝SUM（'现金流量表'［金额]）

单击"可视化"窗格下的"桑基图"，选择相应字段，设置如图 8-97 所示的图表属性，结果如图 8-98 所示。

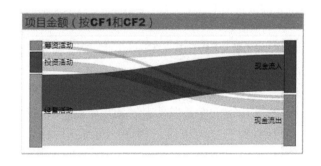

图 8-97 设置桑基图属性 　　　　　　　　图 8-98 桑基图

8.5.5 偿债能力可视化分析

偿债能力反映企业财务状况和经营能力，是检验企业生存和发展的关键。偿债能力可视化分析总览如图 8-99 所示，可以看出，流动比率、现金比率和权益乘数较高，该企业偿还到期债务承受能力尚可。

图 8-99　偿债能力可视化分析总览

实施偿债能力可视化分析的操作步骤如下。

步骤1：插入 6 个卡片图。左边 3 个反映流动比率、速动比率、现金比率等短期偿债能力指标，右边 3 个反映资产负债率、产权比率、权益乘数等长期偿债能力指标。需要新建如下度量值：

- 流动资产合计 = CALCULATE（［报表金额］，'资产负债表'［报表项目］ = "流动资产合计"）
- 流动比率 = DIVIDE（'资产负债表'［流动资产合计］，'资产负债表'［流动负债合计］）
- 速动资产 = CALCULATE（'资产负债表'［报表金额］，'资产负债表'［报表项目］ = "货币资金"||'资产负债表'［报表项目］ = "应收票据"||'资产负债表'［报表项目］ = "应收账款"||'资产负债表'［报表项目］ = "预收账款"||'资产负债表'［报表项目］ = "其他应收款"）
- 速动比率 = DIVIDE（'资产负债表'［速动资产］，'资产负债表'［流动负债合计］）
- 货币资金 = CALCULATE（'资产负债表'［报表金额］，'利润表'［报表项目］ = "货币资金"）
- 现金比率 = DIVIDE（'资产负债表'［货币资金］，'资产负债表'［流动负债合计］）

- 资产负债率 = DIVIDE（'资产负债表'［负债合计］,'资产负债表'［资产合计］）
- 产权比率 = DIVIDE（'资产负债表'［负债合计］,'资产负债表'［所有者权益合计］）
- 权益乘数 = DIVIDE（'资产负债表'［资产合计］,'资产负债表'［所有者权益合计］）

步骤 2：插入 4 个折线图，反映不同年度流动比率、现金比率、资产负债率、产权比率的变化趋势。生成折线图的操作在此不再赘述。

8.5.6　营运能力可视化分析

营运能力反映企业营运资产的效率和效益，效率指资产的周转率，效益指企业产出与资产占用的比率。营运能力可视化分析总览如图 8-100 所示，可以看出，该企业的总体周转效率尚可，但是近 5 年来各项资产周转效率呈现下降趋势，未来的营运能力不容乐观。

图 8-100　营运能力可视化分析总览

实施营运能力可视化分析的操作步骤如下：

步骤 1：插入 6 个卡片图。需要建立应收账款周转率等 6 个度量值。

- 应收账款周转率 =
  VAR A = ［营业总收入］
  VAR B = CALCULATE（'资产负债表'［报表金额］,'资产负债表'［报表项目］= "应收账款"）
  VAR C = DIVIDE（A，B）
  RETURN C
- 存货周转率 =
  VAR A = ［营业总成本］
  VAR B = CALCULATE（'资产负债表'［报表金额］,'资产负债表'［报表项目］= "存货"）

VAR C = DIVIDE（A，B）

RETURN C

- 流动资产周转率 =

VAR A =［营业总收入］

VAR B = CALCULATE（'资产负债表'［报表金额］，'资产负债表'［报表项目］= "流动资产合计"）

VAR C = DIVIDE（A，B）

RETURN C

步骤 2：插入 4 个折线图，反映不同年度的应收账款周转率、流动资产周转率、固定资产周转率、总资产周转率的变化情况。折线图的操作方法与前面类似，这里不再赘述。

8.5.7　盈利能力可视化分析

盈利能力反映企业获取利润的能力，企业的核心使命就是创造利润，盈利能力是经营者和股东最关心的问题。盈利能力可视化分析总览如图 8-101 所示，可以看出，该企业盈利能力一般。

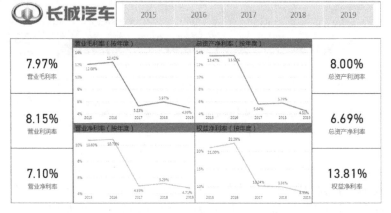

图 8-101　盈利能力可视化分析总览

实施盈利能力可视化分析的操作步骤如下。

步骤 1：插入 6 个卡片图，反映营业毛利率、营业利润率、营业净利率等企业日常营业获取利润的能力指标，同时反映总资产利润率、总资产净利率、权益净利率等资产和权益获取利润的能力指标。插入卡片图，需要建立如下度量值。

- 营业毛利率 = VARA =［营业总收入］

VAR B =［营业总收入］–［营业总成本］

VAR C = DIVIDE（B，A）

RETURN C

- 营业利润率 = DIVIDE（［营业利润］，［营业总收入］）

- 营业净利率 = DIVIDE([净利润],[营业总收入])
- 总资产利润率 = DIVIDE([利润总额],[资产合计])
- 总资产净利率 = DIVIDE([净利润],[资产合计])
- 权益净利率 = [总资产净利率] * [权益乘数]

步骤 2：插入 4 个折线图，反映不同年度营业毛利率、营业净利率、总资产净利率、权益净利率等指标的变化情况。生成折线图的操作方法在此不再赘述。

8.5.8 杜邦数据分析模型可视化分析

杜邦分析是利用主要的财务比率之间的关系来综合分析企业的财务状况，其基本思想是将企业净资产收益率（权益净利率）逐步分解为多项财务比率乘积，有助于深入分析企业经营业绩。

净资产收益率是一个综合性最强的财务分析指标，是杜邦分析的核心。净资产收益率 = 销售净利率 * 资产周转率 * 权益乘数。杜邦分析模型可视化分析总览如图 8-102 所示，可以看出，该企业总体财务状况一般，资产规模较大，盈利能力一般。

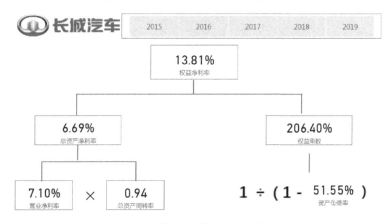

图 8-102 杜邦分析模型可视化分析总览

实施杜邦分析模型可视化分析的操作步骤如下。

步骤 1：插入 6 个卡片图，反映权益净利率、总资产净利率、营业净利率、总资产周转率、权益乘数、资产负债率等指标的层层分解。

步骤 2：插入横线竖线、乘号括号等图形图像，建立指标之间的逻辑关系。在 Power BI 中，可通过插入竖线，通过格式调整将其变成竖线，如图 8-103 所示。乘号括号等运算符号，只能以图片的形式插入（图片提前做好保存在本地计算机）。

步骤 3：插入公司 Logo。在长城汽车官网上截图 LOGO 生成图片保存在本地计算机。选择"插入"→"图像"选项，插入存放在本地的 LOGO 图片，手动调整图片大小到左上角位置，如图 8-104 所示。

图 8-103　插入竖线

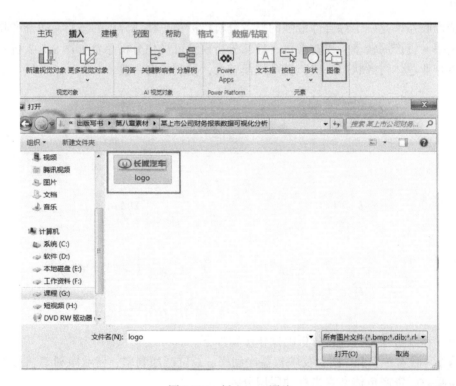

图 8-104　插入 logo 图片

步骤 4：插入年度切片器，将维度表"年度"字段拖入切片器，格式栏"常规"选项下"方向"设为"水平"，如图 8-105 所示。

图 8-105　生成的年度切片器

步骤 5：最后将每个 logo 和年度切片器复制到各个 Page 页中固定位置，按照前面课程讲到的方法，调整各个图表元素布局大小和位置对齐，使整体可视化效果更加齐整和美观。

本案例从财务的三大报表出发，通过四项能力分析和杜邦分析，对上市公司各项财务状况进行全方位多维度洞察分析，可以从总体上判断企业的经营状况和未来的发展趋势，为经营决策和投资决策等提供判断依据。

8.6　某制造业成品物流发货数据可视化分析

案例概述：本案例是某 PC 制造业的成品物流发货源数据，数据源来自物流管理部的运输管理系统，即 TMS 系统（Transportation Managment System）。基于这个发货数据（取自 2019 年 8 月份的发货数据，数据已脱敏处理，并删除了"客户信息"列和"代理商信息"列），利用 Power BI 进行数据清洗，并构建相关数据模型，并从货量、运费、产品及区域等维度对发货数据进行可视化分析。案例数据取自第八章素材 \ 某制造业成品物流发货数据可视化分析 \ 成品物流发货明细表.xlsx。

8.6.1　数据清洗：数据的导入、删空删重与自定义列

步骤 1：启动 Power BI Desktop，选择"主页"→"获取数据"→"Excel"选项，选择数据源，在"导航器"中勾选"成品物流发货明细表"，单击"转换数据"按钮，将数据导入 Power BI Desktop；如图 8-106 所示。同样，将"大区对应表"也导入 Power BI Desktop。

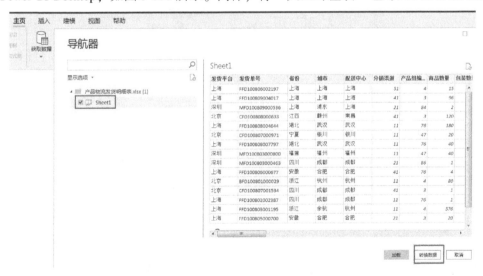

图 8-106　导入数据

步骤 2：选中"发货单号"列，单击右键执行"删除重复项"，如图 8-107 所示。在下拉框或菜单栏选择"删除空"选项，删除空行，如图 8-108 所示。

图 8-107　删除重复项　　　　　　　　　　　　　　　图 8-108　删除空

步骤 3：按住〈Ctrl〉键，鼠标选中"Column32"和"Column33"列，右键选择"删除列"，删除这两个空列。出现空列的原因是源数据在导入前进行过数据输入和删除动作，导入到 Power BI 中仍然会显示为 null 列，因此需要删除。

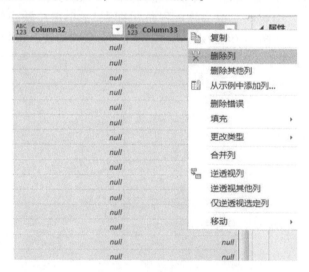

图 8-109　删除空列

步骤 4：新增两个新列："干线运费"和"配送运费"。选择"添加列"→"自定义列"选项，输入新列名"干线运费"和公式，如图 8-110 所示。同样操作添加"配送运费"列，公式改为"体积＊配送费率"，新增两列后的最终结果如图 8-111 所示。最后，单击"关闭并应用"选项，数据导入到 Power BI Desktop 中，数据整理过程结束。

图 8-110　增加"干线运费"列和"配送运费"列

1.2 干线费率	1²₃ 配送费率	ABC 123 干线运费	ABC 123 配送运费
0	37	0	23.014
0	37	0	217.9152
4.32	37	0.0962928	0.82473
78	76	516.984	503.728
2.48	20	7.798608	62.892
4.27	19	5.26064	23.408
2.48	20	1.0168	8.2
250	25	589	58.9
7.2	20	0.0144	0.04
60.5	17	2.5652	0.7208
144	17	51.264	6.052
189	20	14.175	1.5
450	20	8.7975	0.391
31.5	70	656.1954	1458.212
60.5	17	74.2335	20.859
3.23	19	1.95092	11.476

图 8-111　新增的两个运费列

8.6.2　数据建模：创建计算列、计算表、维度表及度量值

步骤 1：切换到"关系视图"，将维度表"大区对应表"与"成品物流发货明细表"建立一对多的关系，如图 8-112 所示。插入计算列，输入"大区 = RELATED ('大区对应表'[大区])"，将大区对应表中的"大区"关联匹配到明细表中，结果如图 8-113 所示。

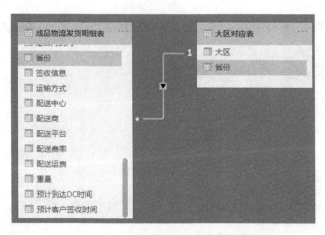

图 8-112　建立一对多关系

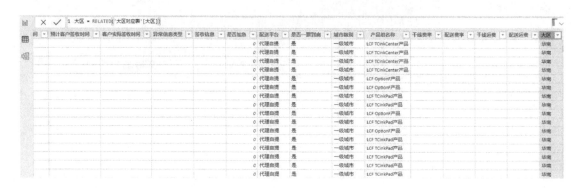

图 8-113　RELATED 函数匹配大区信息

步骤 2：创建渠道含义对照表。选择"主页"→"输入数据"选项，输入渠道代码及含义，如图 8-114 所示。

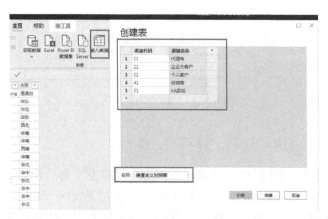

图 8-114　创建渠道含义对照表

步骤 3：切换到"关系视图"，将"渠道含义对照表"与"成品物流发货明细表"之间建立一对多的关系，如图 8-115 所示。并按照步骤 1 的方法，新建列"分销渠道名称 = RE-LATED（'渠道含义对照表'［渠道名称]）"。

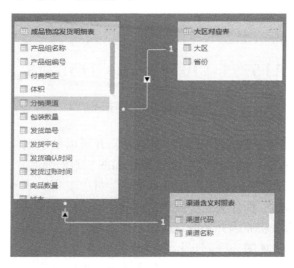

图 8-115　建立一对多的关系

步骤 4：新建一个空表，公示栏输入"存放度量值表 = ROW（"存放度量值"，BLANK（））"，用于集中存放度量值。选中空表，建立如下度量值：

- 总数量 = SUM（'成品物流发货明细表'［商品数量]）
- 总运费 = SUMX（'成品物流发货明细表'，［干线运费]＋［配送运费]）
- 总重量 = SUM（'成品物流发货明细表'［重量]）
- 总体积 = SUM（'成品物流发货明细表'［体积]）
- 干线总运费 = SUM（'成品物流发货明细表'［干线运费]）
- 配送总运费 = SUM（'成品物流发货明细表'［配送运费]）
- 公路运费 = CALCULATE（［总运费]，'成品物流发货明细表'［运输方式]＝"公路专线" ||'成品物流发货明细表'［运输方式]＝"公路快运"）
- 铁路运费 = CALCULATE（'存放度量值表'［总运费]，'成品物流发货明细表'［运输方式]＝"铁路运输" ||'成品物流发货明细表'［运输方式]＝"铁路行邮"）

8.6.3　数据可视化：建立基于货量、运费、产品及区域等的多维度可视化分析仪表盘

步骤 1：插入五个卡片图：总数量、总体积、干线总运费、配送总运费、总运费，如图 8-116 所示，可以清晰地观察到主要的货量指标情况。卡片图的格式设置在此不再赘述。

步骤 2：分别插入大区切片器和分销渠道名称切片器，如图 8-117 所示。

4276499	115991	10599046	3755723	14354770
总数量	总体积	干线总运费	配送总运费	总运费

图 8-116 插入卡片图

| 东北 | 港澳台 | 华北 | 华东 | 华南 | 华中 | 西北 | 西南 | | KA卖场 | 代理商 | 个人客户 | 经销商 | 企业大客户 |

4276499	115991	10599046	3755723	14354770
总数量	总体积	干线总运费	配送总运费	总运费

图 8-117 插入切片器

步骤3：插入柱形图，显示各个大区的发货量，并可以钻取到大区对应的各个省份的发货量。柱形图设置属性如图 8-118 所示，最终结果如图 8-119 所示，格式设置在此不再赘述。可以看出，华东和华北的销售贡献最大，而作为经济发达地区的华南销售情况反而不太理想，需要深入分析原因并采取对应的营销策略。

步骤4：插入三个圆环图，分别展示各个分销渠道的发货量、运费以及发货平台的运费占比。发货量属性设置如图 8-120 所示，运费分析圆环图设置类似（将度量值"总运费"拖入到"值"处），最终结果如图 8-121 所示。可以看出，代理商是主要的销售渠道，北京基地发货量占比最高。

图 8-118 柱形图属性设置

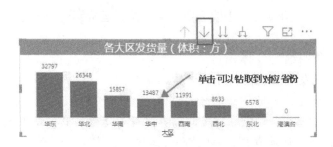

图 8-119 柱形图结果

图 8-120 圆环图属性设置

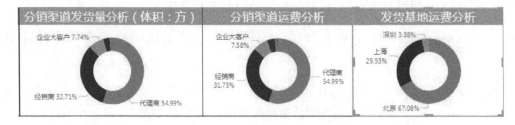

图 8-121 圆环图结果

步骤 5：插入树状图，显示各个省份的总运费，并且可以钻取到对应的大区总运费。柱状图属性设置如图 8-122 所示，最终结果如图 8-123 所示。可以看出，四川省、山东省等运费最多，发货量也最大。

图 8-122　柱状图属性设置

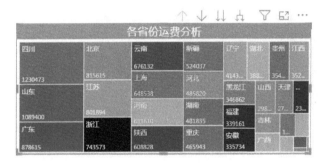

图 8-123　树状图结果

步骤 6：插入表，显示发货平台、产品、运费等分类明细。表的属性设置如图 8-124 所示，最终结果如图 8-125 所示。从结果可以看出，北京发货基地发货量和运费最大，公路干线运输占主流。

图 8-124　表的属性设置

发货平台	产品组名称	总体积	铁路运费	公路运费	干线总运费	配送总运费	总运费
北京	LCF 商台开启及TC M	32026	321,041.42	3,663,238.62	2746459	1268128	4014587
北京	商用台式电脑扬天	20626	210,227.59	2,165,802.37	1725607	654703	2380310
上海	消费笔记本电脑Volum	7875	23,753.50	1,473,508.51	1280058	225011	1505069
北京	消费台式电脑BOX	10943	102,297.61	1,228,041.29	974570	363514	1338083
北京	LCF 联想打印机	4272	31,640.97	729,949.48	641440	120334	761774
上海	LCF 商台开启及TC M	8630	3,353.70	672,962.88	323443	354032	677475
上海	消费笔记本电脑Value	2859	3,242.86	517,809.92	414715	108263	522979
北京	消费台式电脑AIO	2683	2,956.02	482,252.88	403196	82681	485877
上海	商用台式电脑据干	5454	2,922.54	429,058.93	272649	159333	431981
总计		115991	792,689.83	13,469,480.89	10599046	3755723	14354770

图 8-125　插入表的结果

步骤 7：插入文本框，输入标题并调整格式和大小，将前面的图表调整布局、对齐，可根据实际情况调整颜色。最终结果如图 8-126 所示。总体上可以得出如下基本结论。

- 发货基地以北京为主，货量和运费主要集中在华东和华北，华南的销量不太理想。
- 运输以公路干线为主，铁路和航空占比较少，运输模式相对合理。
- 销售模式仍然是传统代理商/经销商渠道为主，随着互联网和电商新零售模式的发展，后续势必会大力拓展全渠道销售模式（如线上的小批量订单发货），对于物流而言，需要提前规划低成本高效率的新零售物流运输模式。

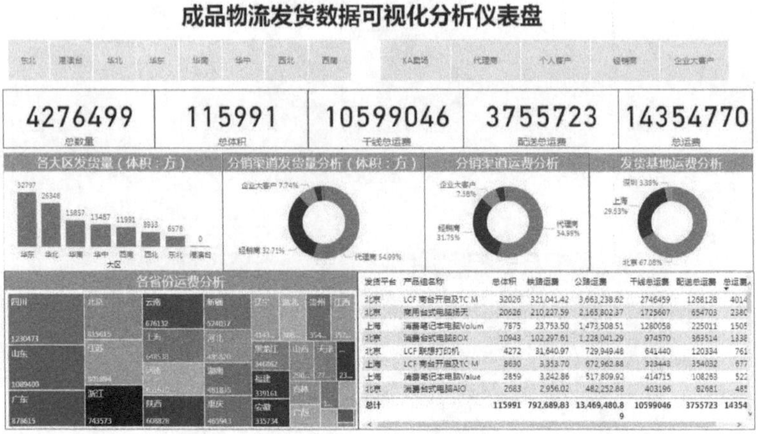

图 8-126　成品物流发货数据可视化分析结果

参 考 文 献

［1］宋翔. 小白轻松学 Power BI 数据分析［M］. 北京：电子工业出版社，2019.

［2］王国平. Microsoft Power BI 数据可视化与数据分析［M］. 北京：电子工业出版社，2018.

［3］恒盛杰资讯. 商业智能 Power BI 数据分析［M］. 北京：机械工业出版社，2019.

［4］潘强. Power BI 数据分析与可视化［M］. 北京：人民邮电出版社，2019.

［5］陈剑. Power BI 数据清洗与可视化交互式分析［M］. 北京：电子工业出版社，2020.

［6］武俊敏. Power BI 商业数据分析项目实战［M］. 北京：电子工业出版社，2019.

［7］杨晨. 财务分析那些事儿 Power BI 财务数据实战［M］. 北京：电子工业出版社，2021.

［8］汪刚. 财会与商业大数据可视化智能分析［M］. 北京：清华大学出版社，2019.

［9］宋立恒. 人人都是数据分析师微软 Power BI 实践指南［M］. 北京：人民邮电出版社，2018.

［10］金立刚. Power BI 数据分析报表设计和数据可视化应用大全［M］. 北京：机械工业出版社，2019.